はじめに

２０１１年3月11日の東日本大震災と、それに続く東京電力福島第一原子力発電所の爆発事故から、十年の月日が過ぎ去ろうとしている。突然の大惨事で住み慣れた故郷を追われた人々の苦しみは、いまも癒えることがない。一方で、「汚染水はアンダーコントロールされている」、「福島の復興なくしてわが国の復興はない」といった声も聞こえてくる。そんな虚言を信じることはないとしても、時の経過とともに悲惨な記憶が薄れ、原発事故はもう済んでしまったことではないのか、という風潮は確かに広まっている。

一度、帰還困難区域とされた地域のそばまで足を運び、自分の目で確かめてほしい。住民が誰もいない廃墟と化した町並み、時が止まったままの現状は復興と呼べるものなのか。こう問うと、もう聞き飽きた、そんな必要はないとの声も返ってきそうだ。例えば、「そもそも原発マネーが欲しくて誘致して豊かさを享受してきたのだから、事故による被災も自ら招いた豊かさの代償ではないのか」、「東電から十分すぎる補償金をもらっていい思いをしたのではないか」との批判や、「十年が経過した今日、まだ不十分な点はあるにしても、政府や県の帰還促進政策で復興は成し遂げられた」、「国道6号線も常磐線も全線開通し、帰還は着実に進んでいる」との反論があるかもしれない。

しかし、それは誤解である。一つ一つに反論したいところだが、そのために本書を書いたのではない。

国策として、福島県の沿岸地域（浜通り地方）に原子力発電所の建設計画が持ち上がった40数年以上前から、これに反対し続けてきた人々がいたこと、その人々の不安や憤りと闘いの軌跡をどうしても記録しておきたい、との思いから書いたものである。

「トイレなきマンション」と言われた原子力発電所の建設に踏み出した国は、国庫負担で毎年7000万円に及ぶ「原子力広報事業費」を福島県に支出し続けた。これを元に福島県は、「原子力発電所周辺地域住民をはじめ、県民に原子力に関する知識の普及啓発を図るため」として、様々な事業を展開した。とりわけ広報誌「アトムふくしま」の発行・無料配布や、全国的に著名な学者たちの動員により、地域の子どもたちからお年寄りにまで、東京電力に代わって「原発の安全神話」を垂れ流した。それは、事故直前までずっと続けられた。

これに対し、原発建設に疑問を抱いた人々は、「原発・火発反対福島県連絡会（略称・原発県連）」などの住民組織を結成して反対運動を続けた。その運動の中核を担ったのは、地元の高校教師たちだった。彼らは、公民館や集会所で講演会、学習会を積み重ね、最終的に国を相手取り、東京電力福島第二原発設置許可処分の取り消しを求める行政訴訟に踏み切った。

裁判は、地裁、高裁、最高裁と進み、あわせて17年9か月という長期に及んだ。そして、いずれも原告敗訴の判決で終わった。もちろん、法廷闘争は原告だけではなしえない。原告を支える弁護団と、証人として法廷に立つ科学者たちの支援が不可欠だ。原告団、弁護団、科学者たちが一丸となって求めたこと、それは、国が東京電力に与えた「原発の設置許可を取り消せ」、つまり「危険な原発の設置を止めてほしい」ということで、たとえ勝っても一円も手に入らない裁判だった。この一円にもならないことのために、膨大な時間と労力、金銭を費やして成し遂げようとしたことは何だったのか。それはただ一つ、今日見る3・11の原発事故による惨事から、人々とその暮らし、故郷の自然も含めた地域の営み、そのすべてを守ることだったのではないか。

私は、原告の教師たちの同僚として提訴当時から訴訟を見守り、原告も加わる「3・11記録集編集委員会」の一員として過去の関連データを集めてきた。本書はその立場から、国策として原発建設を推進しようとした勢力がどのようなことを主張し、何をしてきたのか、原発県連を中心に反対運動をしてきた人たちが何を訴え、どう行動してきたのかを当時の資料や証言をもとに再現し、伝えようとする試みである。約30年前に確定した原告たちの「敗訴」は、3・11の原発事故を目の当たりにして重みを増し、多くのことを語っている。いまも再稼働の動きがある中、原発の危険性を指摘し続けた原告たちの「伝言」が少しでも、本書によって未来の世代につながればと願ってやまない。

＊敬称は省略します。裁判や立法・行政関連資料は、読みやすく一部を補足・修正して引用します。

裁かれなかった原発神話——福島第二原発訴訟の記録●目次

第4章 似て非なる「公聴会」

装　丁　小島トシノブ
組　版　東原　賢治
扉写真　樋口　修
２０２０年11月撮影

福島原発事故・避難指示区域の概念図（2020 年３月時点）

＊経済産業省ホームページを参考に作成

帰還困難区域
旧居住制限区域
旧避難指示解除準備区域

伊達市
115
相馬市
349
常磐線
6
飯舘村
川俣町
南相馬市
避難区域範囲
20km
114
葛尾村
浪江小高
原子力発電所
（旧計画地）
浪江町
双葉町
288
田村市
福島第一
原子力発電所
大熊町
川内村
富岡町
福島第二
原子力発電所
楢葉町
広野火力発電所
10km
広野町
いわき市
N
福島県
いわき
0
10km

第1章　福島に東京の原発がやってくる

被災した請戸漁港近くの仮置場に積まれたフレコンバッグ

1 東京電力と福島県と地元紙の初夢

福島県の太平洋に臨む沿岸の相馬・双葉地区（相双地区）になぜ、10基もの東京電力原子力発電所が建設されたのか。東北電力が3・11後にようやく建設を断念した浪江・小高原子力発電所4基分も含めれば、南北わずか21キロの間にあわせて14基もの原子力発電所を集中立地させる「原発銀座」構想は、なぜ生み出されたのか。誰もが不思議に思うことである。

結論から言えば、高度経済成長の中で見込まれる電力需要の急伸長を原発に求める国策と、それに乗った電力業界と地方行政、具体的には東京電力と福島県知事、そして彼らの甘言に乗せられた双葉郡内の町村長たちが相思相愛で原発建設に邁進したからだといえる。

この辺りの事情を理解するため、まずは次の新聞記事（抜粋）を読んでほしい。福島県内で最大の発行部数を誇る地方紙「福島民報」の1968（昭和43）年1月1日付「新春座談会」。見出しに「日本一の原子力基地へ」とあり、出席者は福島県知事・木村守江、東京電力社長・木川田一隆、東北電力社長・平井寛一郎（紙上参加）、司会は福島民報社常務取締役編集局長・塩川朝夫だ。

司会　あけましておめでとうございます。明治百年の記念すべき年が明けましたが、ことしは福島県にとって時代の先端を行く原子力の夜明けになる年でもあります。相双地区はとかく日の当たらない地域でしたが、東京電力の原子力発電所が着工してから一躍脚光をあび、日本の原子力センターとして注目を集めてきました。ひょうたんからコマといった感じがしないわけでもないが、将来の開発された姿を考えると県民として誇らしい気分になります。

木村知事　相双地区はいわき市と相馬市の中間で原野や田んぼが多く浜通りのチベット地帯といわれた。産業開発はおぼつかない地域だったが、幸いなことに木川田東京電力社長に目をつけてもらい、日本では最初で最大の原子力発電所が建設されることになった。すでに第一期工事に着手したが、第四期までで出力235万キロワット、将来はもっと伸びる状態だ。木川田さんには日の当たらないところに日を当ててもらったわけで喜びにたえない。

司会　東京電力が双葉地区に着目したのはいつごろでした。

木村知事　昭和30年ころではないかな。わたしもそのころから数回、あの海岸に行ってみて、ここでは大きな会社が大きい仕事をすべきだ、将来、原子力発電所ができるだろうと、確か33年の衆議院選立会演説会で話した。そうしたら夢のような誇大妄想と批判されましてねえ。（笑い）

木川田社長　（略）福島県を歴史的に見ると、工業開発の中心となる電力に対する県の構えは非常に進歩的だ。猪苗代・東京間200キロに11万5000ボルトの長距離送電線が架設されたのは大正3年で、これは日本で初めてだった。今度は最も文明の先端を行く原子力発電所が建設される。50万ボルトの送電線2回線で東京とつなぐわけだが、この電圧は世界一ですよ。また歴史をつくることになる。（略）

司会　ところで相双地区が日本の原子力センターになることは知事はじめ両社長のお話で明確です

が、発電所の他にどんな付属設備ができるのでしょうか。原子力関連産業について。

木村知事　信頼する両社長におまかせしていますから、大舟に乗った気持ちですよ。（笑い）

木川田社長　いやいや、われわれは知事さんの大きな構想に協力する立場ですよ。関連産業は将来いろいろと考えられますが、ザコでなく大きなものを選択しなければだめですよ。

平井社長　原子力はこれから発展する産業なので関連産業も自然についてくると思いますね。あの地区は地理的に仙台、東京に近いし、いわき、郡山工業地帯もあり、これからの波及効果で脚光を浴びるのは間違いない。

司会　科学は日進月歩でもう原子力の安全性は確実なのでしょう。

木川田社長　絶対安全ですよ。技術的に最も高水準のアメリカ方式で二重三重の設備がある。中心部にしても50ミリの厚い鉄板を2メートルのコンクリートで固め、万一の事故がないようにする。危険物は全部水で消してしまう。中性子にしてもホウ素で吸い上げるなどの配慮をし、むこうでは町のまん中でやってますよ。

木村知事　全面的に信頼している社長のことだから心配はない。県民が何も文句を言わないのは信頼感の反映だ。

「何も文句を言わない」福島県民の一人として、これをどう読めばいいのだろう。言いたいことは山ほどあるが、ともかくここでは、東京電力と福島県が戦前から深く結びつき、その緊密さをさらに発展させていこうとしていたこと、地元新聞社と東電、県政の三者がスクラムを組み、原発建設に邁進していく構図を頭に入れていただければ十分だろう。この三者の背後には、さらに巨大な力が控えていることは言うまでもない。具体的には国、つまり歴代自民党政権であり、その政権下にある通産省、建設省、文部省などあらゆる省庁が控え、東電の背後には九つの電力だけでなく、あらゆる分野の巨大企業から傘下の中小企業までを網羅した日本原子力産業会議があり、それらの企業をスポンサーとして広告料収入で生きることを余儀なくされているマスコミがある。

ただもう一つ、この新春座談会がどのような位置づけでなされたのか、そのことには触れておきたい。実は対談発表から3日後の1月4日、福島県庁で木村知事の年頭記者会見が開かれた。その場で、木村知事は4月に行われる知事選への再出馬を正式に表明した。その出馬表明に当たって、彼は今年の県政の重点事項として、明治百年を契機に新時代にふさわしい県土をつくる〈五つの柱〉を打ち出している。中身は、1960年代を象徴する「開発」志向そのものだ。「あしたの道路建設」、「住みよい都市の建設」、「明るい農村の建設」、「教育の振興」、中でも目玉というべきものが、新産都市小名浜を中核としながら、福島県全土と言ってもいいほどの広大な地域を巻き込んだ「南東北工業圏の造成」だった。そのための具体的な重点目標の一つが、双葉郡大熊町・双葉町に建設中の東京電力福島第一原発に続き、富岡・楢葉の両町にまたがる地区に第二原発をつくり、さらに浪江町・小高町に東北電力の原発をつくって双葉地方を一大エネルギー供給基地にするという「双葉地区原子力センター構想」だった。新春座談会は要するに、木村守江の知事選再出馬表明のためのアドバルーンだったといえる。

したがって、この年の2期目の知事選で72・3％、1972年の3期目で65・6％、1976年の4期目で77・5％と圧倒的な得票率を得て〈木村王国〉を築き、1974年の全国知事会では「エネルギー危機を原発で切り抜けよ」と政府へ提言して翌年、全国知事会長の座に登りつめた木村知事の下で原発推進行政が進むのは必然のことだった。

「平和利用」の前史

「なぜ福島に東京電力の原発がつくられたのか」という最も基本的かつ重大な事情については、これまで多くの研究や出版物が発表されてきた。ここでは、主に中嶋久人『戦後史のなかの福島原発』（大月書店、2014年）、東京新聞原発事故取材班『レベル7』（幻冬舎、2012年）を参考にして、福島県の浜通り地方に原発が立地されるまでの歩みを見ておきたい。

まず、多くの研究者が日本での原子力発電所建設の起点として、1953年12月の第8回国連総会における米大統領アイゼンハワーの演説「平和のための原子力」を挙げている。

「私は次のように提案する。原子力技術をもつ各国政府は、蓄えている天然ウラン、濃縮ウランなどの核物質を国際的な原子力機関（国際原子力機関＝IAEA）をつくり、そこにあずけよう。そしてこの機関は、核物質を平和目的のために、各国共同で使う方法を考えていくことにする」

「原子力法」（1946年制定）によって、原子力に関する知識や技術を国外に一切出さない政策をとってきたアメリカが、なぜ政策転換を図ったのか。その背景は次のように説明される。

マンハッタン計画で原爆実験に成功したアメリカは、広島・長崎に原爆を投下し、第二次世界大戦を終結させると、戦後世界で圧倒的な優位に立った。しかし、その4年後の1949年8月、ソ連も原爆実験に成功し、アメリカの戦略的優位は揺ぐこととなる。そこでアイゼンハワーがとった政策は、威力において比較にならないほど強力な水爆を開発することだった。1952年11月、アメリカは水爆実験に成功して再び優位に立ったが、そのわずか9か月後の1953年8月、ソ連も水爆実験を成功させる。核兵器開発競争で優位に立ち続けることの困難さを感じたアメリカが考えたのが、秘密裏に核兵器開発を進めつつも、表向きは「原子力の平和利用」を促進してアメリカの優位を保つ方策である。それが「平和のための原子力」演説だった。つまり、これまで門外不出だった技術や知識を積極的に西側同盟国や第三世界に提供することによって、自陣営の強化を図るとともに、国際原子力機関を通して世界各国の原子力開発状況を把握し、自らの統制下に置こうとする目論見だ。

しかし、結果的にこの目論見は、米ソ両国による核軍拡競争が熾烈となる1950年代に、ソ連の反対・慎重姿勢もあって順調には進まなかった。例えば、IAEAの発足は1957年7月と遅れたうえ、当初は実効性も極めて弱いものだった。こうなることを当初から想定していたと思われるアメリカは、国連演説で打ち出した〈国際的な枠組みの中での核物質移転政策〉とは裏腹に、演説のわずか2か月後の1954年2月に「原子力法」を改正し、友好国との二国間ベースで核物質・技術を相手国に供与することを可能とする〈二国間協定方式〉を打ち出し、多くの国々を個別に自陣営へと巻き込んでいった。

このような動きに最も敏感に反応した日本人が政治家・中曽根康弘だ。彼は1953年夏、当時ハーバード大学准教授だったヘンリー・キッシンジャーが主催していた「国際サマーセミナー」に参加し、国際情勢についての講義を2か月にわたって聴いた。その滞在中、アメリカの原子力政策の転換が近いとの情報を耳にし、セミナー終了後、アメリカ国内の原子力関連施設を見て回っている。なかでも、サイクロトロンの発明でノーベル賞を受賞したアーネスト・ローレンス博士が主宰するカリフォルニア大のローレンス研究所で研究していた東大教授・嵯峨根遼吉の助言に大きく動かされる。嵯峨根は「一つは、長期的展望に立った国策を確立すること。二つめは、法律と予算でそれを裏付けること。三つめは、優秀な学者を集めること」と伝えたという（『レベル7』）。

帰国した中曽根は、改進党の同僚議員・齋藤憲三や稲葉修らとはかって自由党や立憲自由党にも働きかけ、保守三党による「昭和29（1954）年度予算案に対する共同修正案」を3月2日、衆議院予算委員会に提出した。修正案の中には「科学技術振興費3億円」が含まれていた。その内訳は、原子炉建設と補助で2億6000万円、ウラニウムなど新鉱床探鉱費500万円、ゲルマニウム製錬技術と応用研究費800万円、原子力関係資料購入費1000万円などだった。修正案は4日には早くも可決されて参院に回され、1か月後の4月3日に自然成立した。この間、いきなり予算に「原子炉建造の費用」が盛り込まれていることに驚いた日本学術会議のメンバーが撤回するように申し入れたが、議員たちはいっこうに聞く耳を持たなかった、といわれている。

アイゼンハワー演説から数えてわずか3か月、二国間協定方式へのアメリカの原子力法改正からわずか1か月後の政治的決断であり、政治的予算だった。当時の旧通産省の官僚たちの記憶では、役所側が計画して出した予算ではないため、原子炉建造費2億3500万円の大半を余らせてしまい、使ったのは6000万円にとどまったという（ETV特集「原発事故への道程　前編」）。にもかかわらず、その翌年から原子力関連予算はうなぎ登りに上昇していくのである。

さらに中曽根を動かしたのが、1955年夏にスイス・ジュネーブで開かれた国連主催の「第1回原子力平和利用国際会議」だった。会議前年の6月、ソ連が世界初となるオブニンスク原子力発電所を建造し、原子力発電の分野で優位に立っていた。これに対抗し、前述の国連演説「原子力の平和利用」路線を一層強化する必要に迫られ、アメリカが働きかけて実現した一大イベントがこの会議だった。アメリカはこの会議に、原子力委員長など324人からなる大派遣団を送るとともに、原子力関連の多数の論文を発表して会議をリードした。そのほか、会場外の展示会では原子力発電所の模型などを出品して売り込みを図った。イギリスもこれに負けじと、コールダーホール原子力発電所の模型を展示して売り込んだ。一方ソ連も、稼働を始めたオブニンスク原子力発電所（チェルノブイリ型原子炉）について発表し、原子力の平和利用分野での自らの優位をアピールした。

こうして会議は熱気に溢れるものとなった。その場に立ち会ったのが、学者の藤岡由夫、駒形作次、財界人の石川一郎ら日本政府代表団のほかに、オブザーバーで加わった中曽根ら4名の国会議員だった。議員たちは会議の熱気にあおられるように、宿舎に戻ると連日議論を続け、帰国すると早速、原子力関係の法案作りに取りかかったという。こうして出来上がったのが、1955年12月の「原子力基本法」などの原子力三法だった。

反核運動の中のPR博

しかし、こうした原子力推進勢力にとって大きな障害となる大事件が同時並行的に起こった。「第五福竜丸」事件である。先のアイゼンハワー演説でアメリカは「原子力の平和利用」を打ち出したが、それは核兵器開発競争を断念したことを意味していなかった。「平和攻勢」をかける陰で、米ソの軍拡競争はさらに熱を帯びていた。その一端が露呈したのがこの事件だ。アメリカは1954年3月1日、マーシャル諸島ビキニ環礁で続けていた一連の水爆実験（キャッスル作戦）の中でも最大規模の実験（ブラボー実験）を行った。その結果、近くでマグロ漁をしていた静岡県焼津港所属の第五福竜丸を始め、多数の漁船や商船が放射性降下物「死の灰」によって被爆した。第五福竜丸は当時、アメリカが設定していた危険水域外で操業していたが、危険水域をはるかに超える規模で影響を受け、乗組員23名全員が被爆した。帰国後、国立東京第一病院に収容されたが、なかでも無線長・久保山愛吉は重態に陥り、半年後の9月23日、原爆症で亡くなった。これについてアメリカは、「平和攻勢」を展開していたこともあって「第五福竜丸は危険水域内にいた」、「漁師たちの障害は放射能によるものではなく、変質した珊瑚礁物質の化学作用と考えるべきだ」といった声明を出し続けた。広島・長崎の原爆に続いて水爆でも被爆した日本では、国会内外で反核運動、反米運動が急速に広がった。とりわけ東京都杉並区の婦人団体などの署名運動に始まった原水禁運動は、大きなうねりを見せた。この時、こうした反米・反核運動の台頭を消し止めることになる人物が登場する。それが正力松太郎である。

正力松太郎は戦前、警視庁警務部長のときに「虎ノ門事件」を防げなかった責任を問われて懲戒免職となったが、まもなく読売新聞の経営権を買収して社長に就任した。以後、政財界に影響力を拡大するとともに、大政翼賛会の幹部や貴族院議員を歴任した。戦後は、A級戦犯に指定されて公職追放になるが不起訴で釈放され、読売新聞社主であるとともに日本テレビ創設者となる。正力は「原子力の平和利用」と「保守の大合同」を旗印に政界に打って出て、1955年2月に衆議院議員に初当選した。その3か月後の5月には、読売新聞社主催で「原子力平和利用の米使節団」の来日と、日比谷公会堂での「平和利用大講演会」を長蛇の列で成功させる。使節団と講演の中心人物はジョン・ホプキンスだった。彼の正体は明らかにされなかったが、アメリカ初の原子力潜水艦ノーチラス号を製造したジェネラル・ダイナミックス社の社長であり、「原子力のマーシャルプラン」を提唱していた人物だ。東西冷戦体制のなかで、発電のための原子炉を開発途上国に与えるという経済的な援助を通して西側体制の強化をはかると同時に、民間企業としての海外進出をめざしていた。

この講演会を成功裏に終えると、次は11月、在日アメリカ大使館と本国のアメリカ文化情報局、それに正力の読売新聞社の3者が主催し、各地の新聞社が共催する形で「原子力平和利用博覧会」の全国巡回を始めた。東京で始まった博覧会は、名古屋、京都、大阪に次いで広島でも開催された。広島平和資料館で博覧会が開催されることに強く抗議していた森瀧市郎（原水禁運動家、広大教授）も、博覧会後に「破滅と死滅の方向に行く恐れのある原子力を人類の幸福と繁栄の方向に向かわせることこそ私たちの生きる唯一の願いであります」と表明するなど、評判は上々だった。博覧会は総計260万人もの来場者を数えたといわれる。その結果、「軍事利用は悪」だが「平和利用は善」ととらえ、前者の否定が直ちに後者の肯定を導く思考パターンを普及・定着させることに成功した。このことの持つ意味は大きかった。後に、原子力発電所の建設に不安をいだく住民に対し、「原爆と原発は全く違う。原爆は悪魔だが、原発は平和利用なのだから安全で安心」という根拠のない説得活動に繰り返し利用されることになる。

正力は1956年1月、内閣府の原子力局に設けられた原子力委員会の初代委員長になった。就任早々、彼は「5年以内に実用原子力発電所第1号の建設を実現する」と一方的に表明して、湯川秀樹ら「原子力の利用・開発は基礎研究から」と主張していた学者と対立することになる。3月には、原子力実用化のため産業界に協力態勢の構築を求め、財団法人「日本原子力産業会議（現・日本原子力産業協会）」を発足させた。初代会長は東京電力会長の菅禮之助で、事務所は東京電力本社に置かれた。その辺りの事情を『東京電力三十年史』は次のように記している。

〈国内での原子力平和利用の法的整備、行政機構の確立、研究機関の基礎固めが進むにつれて、原子力を実用化するため、産業界の協力体制づくりが必要になった。こうしたなかで、正力松太郎初代原子力委員長の強い要請により、産業界は昭和31年3月、米国の原子力産業会議にならって、日本原子力産業会議を発足させた。（略）この会議への参加企業は350社以上にも及び、わが国基幹産業のほとんどすべてを網羅していた〉〈同会議は、当初、日本原子力研究所が基礎的な研究を行うのに対し、応用面、事業化を検討するために組織されたのであるが、原子力平和利用の講演会、シンポジウムを催すなど、積極的な啓蒙活動を行った。また、海外の原子力事業を調査する大型使節団の派遣、東京での日米原子力産業合同会議の開催、国際原子力機関（ＩＡＥＡ）への参加など、多彩な活動を展開した〉

こうして同会議は以後、日本の原子力発電所導入の推進役を担うこととなった。

正力委員長の下で原子力委員会は1956年9月、「原子力開発利用長期基本計画」(56長計)を策定した。それは、「動力炉は国産化を目標とするが、当面、外国からの積極的な技術導入と、相当規模の原子力プラントを輸入する」という内容だった。これは、日本学術会議が決議した原子力研究の三原則や、原子力基本法第2条の「自主・民主・公開」の「自主」原則に反するものだったが、正力は、原子力発電の早期実用化のためには技術の導入、原子炉の輸入が当面は必要、とした。

この「56長計」発表からわずか10日後、正力は欧米の原子力事情を視察するため、まず民間視察団として発足まもない原子力産業会議のメンバーを派遣した。団員は、後に福島第一原発建設の指揮をとった木川田一隆東電副社長、それに土光敏夫石川島重工業社長、小林中日本開発銀行総裁ら総勢29名という大型視察団だった。次いで、石川一郎経団連会長を団長とする政府系視察団10名も派遣した。民間視察団一行は、アメリカ各地の原子力発電研究開発施設を視察した後、ヨーロッパ各地をめぐってイギリスに渡り、営業運転を始めてまもないコールダーホール原子炉を訪れた。帰国後、欧米視察団は正力の思惑どおり、コールダーホール原子炉をわが国へ導入すべきだと提言する。こうして原子力委員会は、日本最初の原子力発電所として東海村に建設される原子炉をイギリスから導入する方向を決定し、正力は日本における「原子力の父」の道をひた走ろうとした。

しかしその直後、原子力発電所の運営主体をめぐって「民間(電気事業連合会)主導」を唱える正力は、「官(通産省出資の電源開発)主導」を主張する自民党の実力者河野一郎と対立した。「日本原子力発電株式会社(原電)」の設立で正力の意見は通ったが、河野との反目で次第に政治力を失っていく。さらに、正力の執念で建設された東海原発が地震の少ないイギリスから導入したため、耐震設計が不十分であることが判明して営業運転開始が大幅にずれ込むなど、正力路線はつまずきを見せていく。

福島のキーマンたち

こうした国会内外の動きをいち早く察知し、後に「福島原発」の誘致と建設に重要な役割を果たす2人の福島県人がいた。1人は、東京電力社長・木川田一隆であり、もう1人は衆議院議員から福島県知事となった佐藤善一郎である。この2人について語るならもう1人、当然のことながらどうしても触れなければならないのが木村守江だ。佐藤善一郎が現職のまま急死した後を受け、戦後第4代県知事として「王国」を築いた木村だが、福島原発において彼が果たした役割はあまりに大きく、その都度取り上げることにしたい。

まず木川田一隆は、1889年に福島県伊達郡梁川町で生まれている。旧制角田中学（現・宮城県立角田高校）、旧制山形高校（現・山形大学）を経て、1926年に東京帝国大学経済学部を卒業し、東京電燈に入社した。このように、福島にいたのは小学時代までで、中学、高校、大学と宮城、山形、東京で学んだ人物を「福島出身」と呼ぶことがふさわしいかどうかは疑問が残るところだが、こと福島県双葉地区への原発建設に関しては、県知事も地元町村長も、そして木川田自身も「福島出身」を最大限に活用したといえよう。

「福島民報」の1970年1月の連載記事「第三の火」の「知事・両電力常務に聞く」の中で、東京電力常務取締役原子力開発本部長・田中直治郎がこう言っている。「福島県出身の木川田社長は常々、郷土の発展のためには東電だけが繁栄するのではなく、どうしても地域社会、住民と協調して共存共栄の姿勢で行かなければならない。そのうえで公益事業としての電気事業の責務を果たしていきたいと話しています。この社長の考えは社内キャンペーンとして末端の発電所、工事の第一線で働くものまで徹底している。これが基本です」。

大熊地区の地権者や町職員の中には、様々な懇親会の席上、東京電力や町の幹部が決まって、「車の両輪のごとく共に発展を」と挨拶したことを覚えているものが少なからずいる。まさに、東京電力が2008年3月に出版した『福島第一原子力発電所45年のあゆみ』の表題、『共生と共進——地域とともに』そのものである。

これに応えるかのように、福島第一原発の立地町である大熊町と双葉町の地元有力者たちの思い出話には必ずのように、「木川田社長がいなければ第一原発はなかった」との言葉が口にのぼってくる。

第一原発の誘致・建設時の大熊町長だった志賀秀正に続き、東電社員から大熊町長となった息子の志賀秀朗は次のように振り返る。「福島第一原発は福島県と大熊町が一体となって誘致した。当時、東京電力の木川田一隆社長（福島県梁川町出身）、衆議院議員の天野光晴氏、福島県知事の佐藤善一郎氏らが先頭に立って発電所誘致に積極的に動いた」。また、隣りの双葉町で23年間、町長を務めた田中清太郎の甥・田中清一郎商工会長は、「双葉郡に原発誘致が決まった要因については、木川田一隆氏の功績が大きい。木川田氏は本県出身だったこともあり、木川田氏でなければ地元も了承しなかったと思う」と言うほどである。

しかも「福島県出身」の木川田社長は、ただ東電や地域社会の繁栄を求めているのではなく、「公益事業としての電気事業の責務を果たしていく」と言うのだから、双葉地区もこの公益のための事業を通して国家進展の一翼を担うのだということになる。

そういえば、冒頭で触れた「新春座談会」の終わりで、木川田社長は次のようにも発言していた。「ご承知の通り日本は戦後、狭い国土に押し込められ、上から押しつけられた形で民主主義を取り入れたことによって世の中が急変した。民主主義を消化しきれず、ウロウロしている面があるんです。早い話が自己主張をすることが民主主義であり、権利だと思っている。しかし、自分たちの力で民主主義をかちとった国では考え方が根本からちがう。自分の権利と社会の発展をかみ合わせて考えている。つまり自分の権利を保つためには公益を優先しなければいけないという基本理念があり、個人がよくなるためにはまず社会をよくしようと思っている。われわれも民主主義をいまひとつ高いところから考え、個人の主張も共同社会のなかに調和させる努力が必要ですよ」。

自分の権利を保つためには、公益である東京電力の原発事業を優先していく姿勢こそが民主主義であるとの「ご高説」を披歴し、あわせて双葉地区住民はそのような民主主義をわきまえた素晴らしい人たちだと持ち上げているのだ。その成果だろうか、「木川田信者」まで生み出され、『共生と共進――地域とともに』は次のような言葉を紹介している。〈東京電力そのものではなく、東京電力の立場になった協力企業を育てる必要があります。利益追求の企業ではなく、公益事業の一部を担っていることを認識してもらう必要があります〉（大熊町住民課長、企画課長などの歴任者）、〈東電の社員も定年や移動で随時変わるが、木川田氏の企業精神は忘れずに受け継いで欲しい〉（双葉商工会長）。

また、1972年6月に開催された「全国原子力発電所所在市町村協議会」に参加した大熊町の議長は、「広報おおくま」（同年7月）にこんな感想を載せている。〈東京電力が他社に比べて開放的であり、国が国民に対してやる様な事柄も積極的に自分からやり、町民の誰でも知ろうと思えば十分に知らせて理解を求める等、原発については一手に責任をとるといったような感じで、会社に対しては気の毒と思うことすらたびたびある〉。

一方、東京電力社内での原子力発電開発における木川田の立ち位置はどうだったのだろうか。『東京電力三十年史』にこうある。〈昭和30年11月には、他電力に先駆けて社長室に原子力発電課を新設し、原子力発電の基礎的調査と研究を推進することにした。この課名については、当初、「原子力調査課」をはじめ、いろいろな案があった中で、事務局が「原子力課」という案で稟申（りんしん）したところ、「原子力発電課とせよ」という木川田副社長の強い指示により、当時としては現実的な課名となった。戦後十年、原爆イメージがまだ払拭されていなかった時代に、原子力の早期平和利用への願いをこめての命名であった〉。

このように、他の電力会社に先がけていち早く原子力発電に乗り出していた東京電力社内にあって、さらに強力にそれを押しすすめていた中心人物が木川田であったと言える。

続いて、福島県で最初に原発誘致活動をした知事、佐藤善一郎の略歴を紹介する。佐藤は1898（明治31）年に福島市で生まれた。地元の信夫郡立農学校（現・福島県立明成高校）卒業後、農業を営む一方、清水村長、県議、県町村会長などを経て、1952年から2期、衆議院議員（自由党）をつとめ、19

57年に戦後3代目の福島県知事となった。ということは、アイゼンハワーの「原子力の平和利用」演説にはじまって、中曽根康弘ら保守三党による原子力開発費の予算化、原子力三法の成立、日本原子力産業会議の発足など、原子力発電をめぐる激動期と電力不足を原子力に見出そうとする時代のただ中を現職国会議員として過ごしたことになる。同じことは、佐藤の後を継いだ木村守江についても言える。

その佐藤が県議会で最初に原子力問題に触れたのは、知事就任の翌1958年3月だった。中嶋久人のサイト「東京の『現在』から『歴史』＝『過去』を読み解く」（2011年11月4日）に、大井川正巳県議（磐城市選出・自民党）が佐藤に原発誘致に関して質問する場面が登場する。

それによると、大井川は原子力発電所の設置場所として、幾つかの具体的条件を挙げた。煤煙などによる障害を避けなければならないこと。交通の便がよく、しかも人家が少ないこと。海水・河川から十分用水を確保できることなどをあげて、こう言ったという。

「われわれは海岸地方、常磐地方はこの発電所というものを誘致するのに最もよい条件を備えておると考えておりますが、知事並びに当局の御所見を伺いたいと思うのであります」

注意したいのは、大井川のこの提案は、個人の見解として出しているのではなく、自民党県議団の検討結果だとしている点である。原子力発電所の設置場所としては「煤煙などによる障害を避けなければならない」。当時の県議たちの原発に対する認識とは、実にこの程度だったのである。

この大井川の提案に対して佐藤知事は、目下のところ、東北電力に対して勿来（なこそ）市の共同火力（東京電力と東北電力の共同）の他に、本県内にさらに火力発電所を、と強く要請しているが、東北電力は、そのためには常磐炭では足りず、北海道炭を運んでこなければならないと言っている、と説明。そのうえで、「私は小名浜港の整備拡充を、これにかんがみましても、急いでおるような次第でございます。それから原子力の発電所のことにつきましては、御趣旨に沿いまして今後善処して参りたいと思うのであります」と答えた。

こうして原発誘致活動は佐藤知事の下で動き出した。後に改めてみるように、県企画開発課による原発立地候補地の検討・調査実施を経て、候補地として大熊町と双葉町にまたがる地点に加え、双葉町、大熊町の計3地点を適当とする報告をまとめ、この調査結果を東京電力、東北電力、原子力産業会議などに持ち込むことになる。

2　福島第一原発、水面下で動く

東京電力福島第一原発の建設をめぐっては、それが出来るまで地元住民による反対はほとんどなく、極めて順調に進められたという。それはなぜだったのか。その辺りの事情を考えてみたい。

『東京電力三十年史』は、「大熊、双葉地点立地のきっかけ」の項でこう記している。

〈当社は、米国での経験で、原子力が火力発電に十分対抗できること、大容量化への技術の見通しがついたこと、将来の電源は原子力に依存せざるを得ないこと、石油に比べて核燃料の方が少ない外貨ですむことなど内外の諸情勢を考慮し、原子力開発に踏み切るべきであると決断し、昭和30年代の前半には具体的な発電所候補地の選定を始めていた。火力発電の石炭から石油への転換が行われ、新鋭火力の大容量化が進められようとしている時代に、このように他に先駆けて先見的に行動を開始したことは特筆されよう〉

前述したように、東京電力は1955（昭和30）年11月、社長室に原子力発電課を新設し、原子力発電の基礎的調査と研究を推進していたが、ここに見られるように、昭和30年代の前半には具体的な発電所候補地の選定を始めていた先見性を「特筆されよう」と自画自賛しているのである。その候補地選定の具体的結果については次のように説明している。

〈当社は、供給地域をはじめ隣接地域を含めて、広範な立地調査を実施したが、東京湾沿岸、神奈川県、房総地区で広大な用地を入手することは、人口密度、立ち退き家屋数、設計震度などの諸点から困難であった。そこで、需要地に比較的近接した候補地点として、茨城県、福島県の沿岸に着目し、東海村をはじめ大熊町など数地点を調査し、比較検討を加えた。福島県の双葉郡は6町2か村からなり、南の小名浜地区は良港や工業地帯を持ち、また、北の相馬地区は観光資源のほか、小規模ながら工場もあるのに対し、双葉郡町村には特段の産業もなく、農業主導型で人口減少の続く過疎地区であった。したがって、県、町当局者は、地域振興の見地から工業立地の構想を熱心に模索し、大熊町では、昭和32年には大学に依頼して地域開発に関する総合調査を実施していた〉

要するに、東京電力による広範な立地調査の結果、福島県浜通り地方の双葉地区は、一つ「人口密度、立ち退き家屋数、設計震度などの諸点から」、二つ「人口減少の続く過疎地区で、地域振興を熱心に模索している」から協力を得やすく、原発建設予定地としてふさわしいと判断していたのである。

すると、タイミングを計ったかのように、願ってもない県側の動きがあった。〈(県は) 独自の立場から双葉郡内の数か所の適地について原子力発電所の誘致検討をはじめた。そのうち大熊町と双葉町の境にあり、太平洋に面する海岸段丘の旧陸軍航空隊基地で、戦後は一時製塩事業が行われていた平坦地約190万平方メートルの地域を最有力地点として誘致する案を立て、当社に意向を打診してきた〉。

この動きに乗る形で、東京電力第一原子力発電所の建設は進むことになる。〈当社が原子力発電所の立地に着眼する以前から、福島県浜通りの未開発地域を工業立地地域として開発しようとの県、町当局の青写真ができており、この先見性こそ、その後の福島原子力に関わる立地問題を円滑に進めることができた大きな理由といえよう〉と『東京電力三十年史』は記している。

先に自社の先見性を自画自賛した東京電力は、今度は同じ口で「福島県並びに町当局の先見性」を誉め讃えている。いずれにしろ、表面的な経過からすれば、東京電力が先なのか、福島県・地元町村が先なのかは、残されている文書では断言することは難しい。しかし、これだけは注意してほしい。少なくとも大熊町当局が描いていたのは、「どうすればこの地域に産業を呼び込むことができるか、どうすれば工業立地地域として開発して、働きの場を確保することできるか」であって、東京電力が言うように「原子力発電所の立地」を求めていたのではない。このズレをうまく利用し、「企業誘致」だとして原発立地を密かに進め、原発であることを明らかにすると、今度は「原発誘致で地域産業の発展を」と思い込ませた。これはまさに、東京電力をはじめとする原発建設推進勢力の「詐欺的行為」だったといえる。

なぜ大熊町・双葉町の境界地に第一原発ができたのか、しかも地元住民による反対運動がないままに順調に進められたのか。他にも幾つかその理由が挙げられる。

その一つは、「東電が先か、県・町当局が先かの判断は難しい」と述べたが、やはり基本的には東京電力の「根回し」「思惑」が功を奏したからだといえよう。東京電力の『共生と共進――地域とともに』の中に、思わず本音を漏らしてしまったとしか言いようがない個所がある。「新聞記事等で振り返る福島第一原子力発電所と原子力の歴史」の部分で、福島第一原発の建設についてこう書いていた。

〈福島県は、近い将来原子力が発電の中心となるとして発電所の立地調査に着手し、大熊・双葉にまたがる旧陸軍練習飛行場跡地を中心とする320万平方メートルが適地であると確認した。適地確認が順調に進んだ背景には、①東京電力が原子力発電所の設置を決めてから入念な根回しを行った②用地予定地の中心地は、太平洋戦争中は飛行場で、戦後は一時、製塩が行われた海岸段丘の平坦な山林や原野であり、土地はやせているため、農業には向かない――〉

これを読み、東京電力が出版したものなのかと、わが目を疑った。適地確認が順調に進んだのは「入念な根回しを行ったからだ」などと東京電力が自ら表明していいのか、という驚きである。

と同時に、『大熊町史』(第1巻　近・現代篇)の一節が浮かんだ。1985年3月の発行だから、第一原発1号炉の営業運転開始(1971年3月)から14年経ち、当初の熱気も冷めて、地元対策の中心も「利益誘導」から「不安解消」に移っていた頃の文章だ。とりもなおさず、あの米スリーマイル島原発事故から6年、チェルノブイリ原発事故の前年という時期に当たり、原発に対して冷静かつ「これで

建設が進む福島第一原発の工事現場＝1968年、福島県大熊町（朝日新聞社提供）

本当によかったのか」という思いも読み取れる『町史』となっている。その一節、「原子力発電所用地の選定」の項に次のように記されている。

〈福島県もまた原子力発電所の誘致を積極的に進めており、東京電力に協力して用地の選定を進めた結果、早くも昭和35年10月1日には大熊町長者原地区60万坪を最適地として白羽の矢を立てている。ここまで事がスムーズに展開した背景には、既に東京電力が原子力発電所の設置を決めてから相当な根回しがなされていたためと考えられる〉

『町史』には当然のことながら、これが根回しだと具体的には書かれていない。しかし、原発を建設する側の東京電力といい、原発を受けいれる側の大熊町といい、その双方が原発建設のための適地確認が順調に進んだのは「入念な根回し」「相当な根回し」によるものだと言っているのだから、そこに何かがあったことは確かなのだろう。

大熊町・双葉町の飛行場跡に照準

ここでまず、第一原子力発電所の適地とされた大熊町と双葉町にまたがる双葉郡の「長者原地区」とはどのような所であったかを簡単に紹介しておく。この辺り一帯は、高さ30メートルの台地が西から東に向かって続き、最後は断崖となって太平洋を臨む地域である。この地形を利用する形で、1939年、陸軍が熊谷飛行隊・石城分校の兵隊訓練用の飛行場として強制的に買い上げた。敷地内にあった民家は移住させられ、跡地や雑木で覆われた一帯は、主に旧制双葉中学の生徒たちが勤労奉仕という形で駆り出され、山を切り開き、整地した。

当時双葉中学の生徒だった松本晴夫（元県立高教組組合員）は、毎日、片道3キロの道のりを教師たちに引率されて通い続けた。スコップ1本だけの飛行場整備作業は相当に過酷だった。連日の作業疲れも手伝ってか、ある日、すぐ隣の友人が掘り上げたスコップが松本の顔面を強打した。顔面は裂け、血が噴き出した。駆けつけた教員は、「今の時局をなんと心得ている。兵隊さんが第一線で御国のために命を賭けて戦っているというのに、精神がたるんでいるから、こんなことになるんだ」と怒鳴った。あふれ出る血を両手で押さえながら、黙って説教を聞くだけだったという。

そんな苦労を重ねて切り開かれた飛行場だったが、元々滑走路が一本と格納庫が一つあるだけの練習用の飛行場だったため、戦闘機の配備はなかった。練習用の二枚羽根飛行機（通称赤トンボ）が、砂利道を走るダンプのような音を立てて飛んでいた。戦局が悪化すると、赤トンボの数も5機か6機ぐらいしかなく、燃料に至ってはほぼゼロ、兵隊も10人ぐらいしかいなくなった。空襲警戒警報が出る度に、双葉中学の生徒たちは飛行場に駆けつけ、機体を引っぱって草むらに隠す有様だった。敗戦直前の1945年8月9日、10日の両日、突然、数十機の米軍爆撃機グラマンの爆撃を受け、一帯は廃墟と化した。敗戦直後の飛行場は近隣住民の略奪の場となり、半ば破壊された兵舎や格納庫に使われていた材木などは馬車や荷車で運び去られたという。その後、広大な飛行場跡地は飛行機の残骸もろとも近隣の子どもたちの格好の遊び場となり、仙台財務局の管理下に置かれた。

この飛行場跡地のうち、海岸線沿いの土地にいち早く目をとめたのが、堤康次郎の「国土開発計画興業株式会社」(国土興業)だった。堤康次郎は戦前から不動産業を営み、政界進出後も事業拡大を続けて、不毛と思われる土地を買収しては開発・発展させ、付加価値をつけて売却する手法で財を築いていた。戦後まもなく公職追放となっていた。どこで跡地の情報を手に入れ、どういう手段をとったのかは不明だが、国土興業が敗戦の年の10月にはこの広大な土地の払い下げを受け、1950年頃まで製塩事業を営んでいた。しかし、製塩方法が発達し、専売も強化されたのを機に製塩業から手を引き、一帯は遊閑地となった。

一方、飛行場跡地の高台の方は、元の地権者たちが仙台財務局に掛け合い、1950年、一坪当たり2円70銭で払い下げを受けた(朝日新聞いわき支局編『原発の現場』朝日ソノラマ、1980年)。牧草地にして牛を飼おうとした者や植林する者、わずかな畑を拓こうとした者など様々だった。いずれにしろ、やせた土地で農業にはあまり向かない土地だった。10年後、この地が東京電力第一原子力発電所建設の適地とされて買収対象になるなどとは、誰にも想像できなかった。

さて前述したように、東京電力は昭和30年代の前半には、すでに具体的な発電所候補地の選定を始め、広範な立地調査の結果、福島県浜通り地方の双葉地区がふさわしいと判断していた。その理由はすでに述べてきたが、ほかにも大事な点があった。それは、用地の買収交渉のやりやすさが予想されたことと、国策として進められている原発事業にうまく乗っていくには中央の大物政治家の後押しが心強い援軍となることだった。

福島第一原子力発電所建設予定地の面積は全体で320万平方メートル。そのうちの99万平方メートル、約3割が堤康次郎の国土興業の所有地だった。東京電力とすれば、用地の3割が一企業のものとなれば買収交渉がやりやすく、その結果、一気に3割の建設予定の土地を確保できることになる。しかも現状は遊休地だった。国土興業にすれば、遊ばせている土地を東京電力が買い取ってくれるのだから、このうえない話となる。ただし、交渉相手は衆議院議長も経験した政界の大物、堤康次郎だけに一筋縄にはいかない。ことは周到に進めなければならなかった。

そこでまず、かつては飛行場跡地だった大熊町の地権者の民有地、次いで双葉町の民有地の買収のため、東京電力は県知事に「根回し」をする。そして知事に、地域振興を模索している地元町村長・議会へ話をつけてもらう。その結果、民有地の買収と買収価格の見通しが立った後、その値段を一つの目安として国土興業との交渉に乗り出す。もちろん、民有地に比べて相当の高値を求められることは覚悟しなければならない。それでも、建設予定地の売買を通して堤の政治力を後ろ盾にできれば御の字だろう。

民有地の買収交渉は福島県に依頼し、国土興業の所有地は直接、東京電力が当たる。それによって、両者の買収価格の違いを地元住民に知られずにすむ。東京電力がこうした筋書きを立てて、話を進めていくことが可能だった場所が「長者原地区」だった。結果として、おおむねこのような筋書き通りに適地確認、買収交渉が進められた。『大熊町史』執筆者は、この経緯を振り返った時、あれほどスムーズに進められた背後には東京電力による「相当な根回し」がなされていたと考えずにはおれなかったのだろう。

この辺りの事情を推測できる話が、佐野眞一『津波と原発』（講談社、２０１１年）や開沼博『「フクシマ」論』（青土社、２０１１年）に掲載されている。伝聞の形だが、戦後二代目の福島県知事を１９５7年まで2期つとめ、退任後に衆議院議員となった大竹作摩が、堤康次郎から飛行場跡地について相談を受ける場面を引用させてもらう。

〈大竹さんが衆議院議員のころ、堤さんから相談がありました。「君の県の浜通りに、塩田があるのだが、今はもう塩は海水から直接とれるようになったから、要らなくなった。君なら、長い手形でいいから引き受けてくれないか」ということでした。今の大熊町の、原子力発電所になっているところです。大竹さんは、原子力発電所の予定地として、東電が、ボーリングや調査をしていることを、木川田一隆さんから聴いて知っていたから、知らん顔して引き受けていれば、たいした利益になることは明白でした。ところが、「実情を知っていて、あんたから買うわけにはいかん」と断った。しかし盟友のことだから「実はあそこは…」と実情を教えた。そこは利にさとい堤さんのことだから、「それはよいことを教えてくれた」と大いに欣（よろこ）んだそうです〉

大竹は衆議院議員のころ、まだ堤康次郎が情報を得る前に、「木川田さんから聴いて知っていた」と言うのだから、東京電力は元県知事の衆議院議員に原発情報を流し、協力を求めていたことがうかがえる。当然のことながら、現職県知事の佐藤善一郎にも原発情報を流し、協力を取り付けていたことは十分に想像できる。果たして、その後、とんとん拍子に進められていった建設予定地の買収経過を見てみると、東京電力の「筋書き通り」だった。

「大きな企業が来る」

話が少し脇道にそれてしまうが、一言、建設予定地の買収価格について触れておこう。これも『津波と原発』からだが、元東電職員の話として次のような一節がある。

〈用地買収は大熊町長の陣頭指揮で町議会、町当局、有力者を総動員された結果、大熊町内地権者の了解は短期間で終了した。一方、北側（ママ　実際は東側）にある国土興業所有の塩田跡は堤康次郎氏の反対で了解を得られなかったが、氏が亡くなられてからしばらくして用地が解決したので昭和39年に調査所が開設され、大先輩稲井豊氏が所長になり次長以下事務系は猪苗代電力所の人が中心であった〉

この後、佐野眞一は「福島県知事の大竹作摩から耳よりな情報を得た堤康次郎は、いわば〈ごね得〉

を決め込んだに違いない。この文章からは、そうとしか取れないニュアンスが伝わってくる」と書いている。その通りだろう。

一般民有地の買収交渉には福島県開発公社が当たったが、最終的に買収価格は10アール（1千平方メートル）当たり10万円で決着したと言われている。地元住民が仙台財務局から払い下げを受けた時は、坪（3・3平方メートル）当たり2円70銭と言われているから、10年間で約120倍の値段で売却したことになる。買収対象地域から外れた人からは、「俺のところも買ってくれ」との声が上がるほどの高値だったという。

これに対して、国土興業の土地の場合、それがいくらだったのかは正確のところは分からない。民有地買収交渉の際、地元地権者から県開発公社に出された要望には、「東京電力が直接買収する国土興業所有地の買収価格を、民有地と同一価格ですることを確約させる」との一項があった。しかし、県開発公社は国土興業との交渉には関わりがなく、要望は完全に棚上げにされた。これは、地元で定説となっている噂だが、「国土の堤は、3万円で手に入れた土地を3億円で売った」と言われている。もし本当なら、民有地の120倍に比べて、実に1万倍の高値で売却したことになる。それだけに、「福島原発は国土興業という一企業の儲け話から起こった」と言う人たちがいるのも頷けることだ。

話を元に戻す。第一原発の建設予定地がなぜ大熊町・双葉町だったのか。なぜ反対運動も起こらず、スムーズに建設が進んだのか、である。第二原発建設反対運動の先頭に立った早川篤雄によれば、それは無抵抗というより、極めて隠密に事が進められ、気づいた時にはもう何も抵抗できなかったという。

確かに原発の建設は、それとは知らされずに進められたことを示すエピソードはたくさんある。その一つ、大熊町職員も務めた元町議は次のように語っている。

〈「現在の発電所敷地内である飛行場跡に測量に出向いた。飛行場跡は松林に覆われていたが、うっそうとした林の中に東西南北と飛行場として使用された道路があった。新入職員だった私が上司に『この飛行場を何に使用するのですか』と尋ねると、その上司は『大きな企業が来る』とだけ話し、企業名を明かさなかった。企業名は町三役だけの秘密だったと思う。1年半後ぐらいに東京電力の原発を設置すると聞いた時は、われわれ職員も驚いた」〉（『共生と共進――地域とともに』）

一方、当初から原発建設を県から知らされていた志賀秀正大熊町長（1962～1979年）は、「福島民報」（1970年1月）で次のように語っていた。「県から原子力発電所誘致の計画が持ち出されたとき、大熊町開発策のキメ手はこれしかないと思った。建設地は県道から数キロはいった松林の荒れ地で、東側は断崖の海という地形では他に発展の方法もない。（略）これまで大熊町は米作一本に頼っていたが、今後は農工一体となった町づくりを進めたい。原発に加え国道周辺には工場も誘致し、農業人口を工業へ移行させ兼業農家を増やす方向へもって行く」。

志賀秀正町長は、原発誘致に奔走した。誘致が決まると、今度は、福島県開発公社と町が共同態勢で用地買収交渉に当たることになったが、町長がその先頭を走った。用地買収交渉が実際に始まったのは1963年12月だが、「福島県開発公社は（略）交渉が長引けば問題が続出すると判断し、昭和39年7月、地区公民館に大熊町地権者290名を集め、大熊町長立ち会いのもとに個々に折衝した結果、全員の承諸書の取り付けに成功している」(『大熊町史』)。この間、わずか8か月弱というスピードだった。

さらに、別の元役場職員の次のような証言もある。「用地交渉に当たるものの、その土地の所有者は、土地を手放すということを全く考えていませんでした。理由としては、東京電力がどういう会社なのかわからなかったこともあったと思います。そこで志賀秀正町長は自ら用地交渉にあたり、何とか土地を開放してくれるようにと、125ccのバイクで朝早くから土地所有者の家に通い、土地所有者が、朝、カーテンを開けると、志賀町長が家の前に立っているのです。それが一週間続き、土地所有者は志賀町長の情にほだされ、土地の売却に合意したとのことです」(『共生と共進―地域とともに』)。

このように、用地買収に奔走した大熊町長の「開発のキメ手はこれしかない」との思いは、「地域産業が発達すれば、働きの場が確保され、冬場の出稼ぎも無くなる」、「町もこれで豊かになれる」と期待を寄せた多くの町民の声と重なっている。そのために、「長者原」に建設される大工場が東京電力の原子力発電所だと分かってからも、反対運動は起こらなかった。

誘致の声にかき消された不安

では、地元の人々に原子力発電所に対する不安や懸念はなかったのかといえば、必ずしもそうではない。「放射能の安全性は先進地で実証ずみ」、「国が安全を保証して進めている事業だから」という、県や東京電力の説明を文字通りに受け止める者ばかりではなかった。

現に、用地賠償交渉の席上、住民から県開発公社に出された最初の質問は、「放射能の安全性は本当に大丈夫なのか」という懸念の声だった。県開発公社は、世界各地の原子力による平和利用状況を説明して納得してもらおうとした。しかし、住民は世界の状況を説明されても、「そうなんですか」と受け止めるしか手立てがなかった。当時は、火力発電所による亜硫酸ガス公害の問題であればまだしも、「原子力」の発電所と言われてもそれがどのようなものなのか、地域の誰も分からなかったのではないか。また、2か月に一度ぐらいの割合で東京電力による住民説明会などが開かれていたが、そこでもわずかながら、原子力発電所に対する疑問や不安の声があった。津波対策は十分なのか。排気筒からはどんな成分の物質が出されるのか――。しかしその都度、東大卒や東工大卒の肩書きを持つ東京電力の技術者から「こういう原理です」、「放射能漏れなどの心配は絶対にありません」、「津波対策も万全です」と説明されれば、そういうものなのかと納得するしかなかった。

そして、会の終わりにはいつも、懇親会が用意されていたという。子どもの頃、飛行場跡地で毎日のように遊んでいた大熊町の私の友人は、この懇親会の食事に箸をつけたという。事故後、「人前で言ったことはなかったが、何年経とうがなんとも言えない複雑な思いだ。いや、正直に言えば苦しい思いがある」と語ってくれた。「自分は第一原発の足元、大熊町にあったありとあらゆるものを失った最大の被害者だと言ってもおかしくはない。それでも、あの時、懇親会にずっと出ていた。そして箸をつけた」と話し、「こんなことで苦しんでいるバカな男がいるって実名を出してもかまわないよ。今となってはそれぐらいしかできないから」。彼と同じような苦しみを胸の内に秘めている人は、いったいどれだけいるのだろうか。

こうして、不安の声よりも原発誘致に対する期待の声、地域発展の夢を語る声がはるかにまさり、反対の声はどこからも聞こえなくなっていった。そして地元町議会の「原発誘致決議」にはじまり、県知事や東京電力への陳情、福島県選出国会議員や関係議員への陳情など、原発建設全面協力の声が地元住民から上がり始める。まさに東京電力が思い描いていた構図通りだといえる。

当初から大熊・双葉地区の第一原発建設の現地で指揮に当たっていた東京電力開発本部・小林健三郎副本部長は次のように述べている。「原子力発電所はどこにでも建設できるものじゃない。第一に経済的に需要の多い東京の外輪線から200キロ以内でないとロスが多く採算に合わない。送電線建設費が1キロあたり1億円余りもかかるからだ。その距離の限界線は浪江あたりになる。それに地盤が強いこと。冷却水が大量に取水できるところ、原子力基本法の安全規制から広い空き地があること、人口密度が少ないことなどが必要条件です。これらの条件プラス地元の協力が必要なわけだが、その点、双葉地区は最適だと判断したわけです」(「福島民報」1970年1月)。

つまり、東京電力が双葉地区に原子力発電所を建設したのは、地理的、自然的条件に優れていることはもとより、次章で触れる『双葉原子力地区の開発ビジョン』も最大の条件に挙げる「地元の協力」が十二分に期待できたからである。その「協力」は、地域開発がすすみ、働きの場が確保されることを願った住民の熱い期待の裏返しだったのだが、果たしてその期待は実現したと言えるのだろうか。

第2章　ぶらさげられた「アメ」

建物解体が進み、街灯が目立つ浪江町の中心街

1 原子力委員会の「立地指針」

「日の当たらない地区」、「浜通りのチベット」、「産業開発がおぼつかない地域」――。こう揶揄されることもあった福島県沿岸部・浜通り地方北部の相馬・双葉地区（相双地区）の町村長にとって、原子力発電所誘致の計画が県知事から持ち出されたとき、「町開発策のキメ手はこれしかないと思った」（志賀秀正大熊町長）と言うのは十分に肯ける。楢葉町元助役は「原発を核にした工場誘致など地域開発へ夢をかけたんです」と話している。これが地方行政にたずさわる人々の願いだった。地方紙「福島民報」「福島民友」も繰り返し、「バラ色の双葉地方」、「日本の原発基地へ飛躍」、「大企業どしどし誘致」などという記事を載せ、大型連載キャンペーンを張った。後述する原子力産業会議による原発周辺住民の意識調査でも、賛成意見の大半は「地域発展」「過疎からの脱却」「寒村開発」など、地域開発への期待を理由に挙げていた。

しかし、原発推進者側がもし、「原発誘致と地域の発展は結びつかない」、「原発立地のためには周辺地域の人口増加を抑えなければならない」ことを認識していながら、その情報を隠してひたすら「地域発展の夢」を撒き散らしていたとすれば、それは詐欺的行為ではないのか。そのことを確認するため、当時の「指針」や「報告書」を調べた。三つの文書を紹介したい。

まず取り上げるのは、原子力委員会が1964（昭和39）年5月に出した「原子炉立地審査指針及びその適用に関する判断めやす」。これは、数多くある「安全審査指針」の一つで、その名前の通り原子力発電所を立地するに当たって、その場所の適否を判断するためのものだ。ネットでも読める。

この「指針」には、中嶋久人『戦後史のなかの福島原発』（大月書店、2014年）などによれば、次のような背景がある。

1957年3月、アメリカ原子力委員会は、「大型原子力発電所の大事故の理論的可能性と影響」を発表した。出力15万キロワットの原子炉が事故を起こしてメルトダウンしたと想定し、最悪の場合、死者3400人、障害4万3000人、永久立ち退き人口46万人、と試算している。

その7か月後、イギリスのウィンズケール原子炉が炉心火災を起こし、メルトダウンに至る大事故を起こした。構内だけではなく周辺地域も放射能で汚染した。これを受け、原発を立地する際には、万一事故になればどれだけの地域がどれだけの放射能で汚染し、どれだけの被害が出るのか再検討し、明確な基準を示すことが必要になった。もっとも、当時のイギリス保守党政権は事故原因の隠蔽工作に走ったから、こうした新基準の研究は、イギリス原子力公社の原子炉安全課長による「立ち退きが必要とされる放射線被曝量や敷地基準」という個人研究論文から知るしかない。

こうした動きを受け、日本でも様々な研究論文が発表された。1958年4月、原子炉自体の安全審査のために、原子力委員会内部に原子力安全基準専門部会が設置され、この部会が原子炉の安全基準を策定した。その基準にしたがって原子炉安全審査専門部会が個々の原子炉の安全性を審査することになる。一方で、日本原子力産業会議が科学技術庁の委託により、原発事故が起こった場合、どれだけの範囲に、どれだけの放射能被害が及ぶか試算する研究が行われていた。その結果が1960年、「大型原子炉の事故の理論的可能性及び公衆損害額に関する試算」としてまとめられた。最悪で死亡720人、障害5千人、要観察130万人、避難者1760万人、損害額3・7兆円（当時の一般会計年間予算2倍以上）に達する、とされていた。

しかし、このような研究には極めて難しい問題があったことは容易に想像できる。

一つは、原子炉自体の安全性研究も、原発事故による被害試算研究も、実証実験によって確かめることができないこと。言うまでもなく、出力何十万キロワットの原子力発電所でわざわざ事故を起こし、その被害状況を調べることなど不可能だ。まして国土の狭い日本にあって、イリノイ州アルゴンヌ原子力研究所のようにアイダホの砂漠に代わる荒野などあるはずもなく、小規模実験もできない。とすれば、実際に起こったウィンズケール原子炉事故の実態や被害状況をつぶさに検証し、そこで集められたデーターをもとにシミュレーションするしか方法がない。しかし、集めたデーターの分析、気象条件や地理的条件など入力データーの違いによって、結果が大きく異なってくる。実験結果に対して、一方が「それは余りにも原発の安全性に寄りかかった危険性の過小評価」と言えば、他方が「いや、必要以上に誇張した厳しい評価」と反論するなど、評価をめぐる意見の相違が出てくるのは避けられない。原発の設置にあたって、「公正で客観的な安全審査指針・基準」の策定がいかに難しいか、ということである。

原発はまさに未知の世界だった。そのため、原子力の持つ怖さに当初から気づいていた科学者たちからは、「このような危険性の過小評価で果たして原子炉の事故が防げるのか」、「この程度の対策で事故が現実となったとき、本当に住民を放射線の被害から守れるのか」という疑問や不安の声が出された。

それとは反対に、推進論者からは「こんなに厳しい審査基準では国内で原発を建設することは不可能になる」と懸念する声が上がることになった。

二つ目は、こうした研究や研究結果の「公開性」にからむ問題だ。原発事故を想定した住民の避難訓練にまつわる課題と似ている。綿密な避難計画に基づいて何度も訓練する程、避難行動はスムーズになる一方、「原発はそんなに危ないのか」と住民の不安を増大させることにつながりかねない。一方、実際の福島がそうであったように、「原発は絶対安全だ」と言い続けてまともな避難計画を立てなければ、訓練もしたがらない。その結果、被害を大きくしてしまう。

これと同様に、科学技術庁は1959年当時、原子力損害賠償法の制定のため、原子力産業会議に委託して「大型原子炉の事故の理論的可能性及び公衆損害額に関する試算」を研究させていたが、この試算が公に報道されては困る。ましてや、その報告書（1960年4月）が「乾燥状態で低地から全放射性物質が出た場合、死亡540人、障害2900人、要観察400万人、立ち退き3800万人、損害額9630億円」と試算したことが、国民はもとより原発立地予定の住民に知られては絶対に困る。このため、こうした研究や試算結果は、1961年4月の衆議院科学技術振興対策特別委員会でごく一部が公表されただけで、残りはマル秘扱いとされた。一般国民の目からはすべてが隠されたことになる。「原子力基本法」（1956年制定）第2条の「民主・自主・公開の三原則」にはほど遠い状態といえる。科学技術庁は、1999年になって国会で追及されて公開するまでの40年間、この原子力産業会議の「試算報告書」の存在すら否定していた。

それでも、1950年代末から本格的に原発建設に取りかかろうとしていた政府は、諸外国の研究成果を取り入れつつ、国内の研究も踏まえて、原子炉や原子力発電所の設置にかかわる安全基準や立地指針を作り、それに基づいて安全審査をして原発設置の許可を出していかなければならなかった。

このように、原子力発電所設置のための安全審査基準は、「難しい」、しかし「出さなければ」というジレンマの中で、原子力委員会が国策として原子力発電所の建設を推し進めるためにつくり、1964年5月に発表された。これが「原子炉立地審査指針及びその適用に関する判断のめやすについて」である。したがって、その内容は極めて曖昧な「暫定的な指針」とならざるを得ないものだが、その一方で、原発推進のためには必要で「確かな指針」と位置づけられなければならないものだった。

ある距離の範囲内とは何か

その具体的な内容をみてみよう。

まず、この指針の目的について、「原子炉安全審査専門委員会が、陸上に定置する原子炉の設置に先立って行う安全審査の際、万一の事故に関連して、その立地条件の適否を判断するためのものである」としたうえで、「基本的考え方」として、以下の2項目を定めている。

〈原則的立地条件〉①大きな事故の誘因となるような事象が過去になかったことはもちろん、将来においてもあるとは考えられず、災害を拡大するような事象も少ないこと②原子炉は、その安全防護施設との関連で十分に公衆から離れていること③原子炉の敷地は、その周辺も含めて必要に応じ公衆に適切な措置を講じうる環境にあること。

〈基本的目標〉①敷地周辺の事象、原子炉の特性、安全防護施設等を考慮し、技術的見地からみて、最悪の場合には起るかもしれないと考えられる重大な事故の発生を仮定しても、周辺の公衆に放射線障害を与えないこと②重大事故を超えるよう技術的見地からは起るとは考えられない事故（例えば、重大事故を想定する際には効果を期待した安全防護施設のうちのいくつかが動作しないと仮想し、それに相当する放射性物質の放散を仮想するもの）の発生を仮想しても、周辺の公衆に著しい放射線災害を与えないこと③仮想事故の場合には、集団線量に対する影響が十分に小さいこと。

そして「立地審査の指針」として、満たすべき以下の3条件を挙げている。

〈条件1〉原子炉の周辺は、原子炉からある距離の範囲内は非居住区域であること。「ある距離の範囲」としては、重大事故の場合、もし、その距離だけ離れた地点に人がいつづけるならば、その人に放射線障害を与えるかもしれないと判断される距離までの範囲をとるものとし、「非居住区域」とは、公衆が原則として居住しない区域をいう。

〈条件2〉原子炉からある距離の範囲内であって、非居住区域の外側の地帯は、低人口地帯であること。「ある距離の範囲」としては、仮想事故の場合、何らの措置を講じなければ、範囲内にいる公衆に著しい放射線災害を与えるかもしれないと判断される範囲をとるものとし、「低人口地帯」とは、著しい放射線災害を与えないために、適切な措置を講じうる環境にある地帯（例えば、人口密度の低い地帯）をいう。

〈条件3〉原子炉敷地は、人口密集地帯からある距離だけ離れていること。「ある距離」としては、仮想事故の場合、全身線量の積算値が、集団線量の見地から十分受け入れられる程度に小さい値になるような距離をとるものとする。

そのうえで、「原子炉立地審査指針を適用する際に必要な暫定的な判断のめやす」を示している。この判断のめやすは、原子炉安全専門審査会が陸上に定置する原子炉の安全審査を行うに当たり、前に紹介した立地指針を適用する際に使うとして、具体的に3点を挙げる。

i 条件1の「ある距離の範囲」を判断するためのめやすとして、次の線量を用いること。＝甲状腺（小児）に対して1・5シーベルト／全身に対して0・25シーベルト

ii 条件2にいう「ある距離の範囲」を判断するためのおよそのめやすとして、次の線量を考えること。＝甲状腺（成人）に対して3シーベルト／全身に対して0・25シーベルト

iii 条件3にいう「ある距離だけ離れていること」を判断するためのめやすとして、外国の例（例えば2万人当たりのシーベルト値）を参考とすること。

これが「指針」の主な内容だ。一読すればすぐに分かるように、原子炉から「ある距離」までは非居住地域とする、「ある距離」までは低人口地帯でなければならない、人口密集地帯であってはならないと言うときの「ある距離」などと説明されているが、誰もが思い浮かべる「半径何キロ、半径何十キロ」という地理的距離は明示されていない。そのような地理的距離を示すと、おそらく原発立地に適した場

所は見つからないだろうし、原発周辺の住民からすれば、「原子炉からこれしか離れていない距離で、放射能の影響は大丈夫なのか」という不安が出てくるだろう。しかし、「万一の事故時にも、公衆の安全を確保し、かつ原子炉開発の健全な発展をはかる」ための「距離」とすれば、住民が自分の目で「距離」をはかることも、口をはさむことも難しい。また、「放射線障害の距離」とすれば、「シーベルト」など聞いたことがない単位を示されても、住民にとっては何のことやら理解不可能の数値である。さらに、原子炉事故の規模、放射線漏れの状況によっても「距離」は大きく異なるし、研究者によってその意見もまちまちとならざるを得ない。このため、「指針」の最後には次のような言葉がわざわざ付け加えてある。

《付記》上記めやすは、現時点における放射線の影響に関する知識、事故時における原子炉からの放射性物質の放散の型と種類及びこの種の諸外国における例等を比較検討して行政的見地から（傍線筆者）定めたものであるが、とくに放射線の生体効果、集団線量等については、まだ明確でない点もあるので、今後ともわが国におけるこの方面の研究の促進をはかり、世界のすう勢も考慮して再検討を行うこととする。

指針が示す開発との矛盾

正直と言えば正直なのだが、このような「まだ明確でない指針」で、しかも原発建設を推進する「行政側」からの見地に立った指針で、いったい住民の何が守られるというのだろうか。原発立地予定地域住民とすれば、こんな指針に基づいて「審査に合格しましたから安全です」と告げられても、不安な気持ちになって当然だろう。

さらにもう一点、この「指針」は、3・11事故を経験したいま考えれば全く無意味な区別なのだが、想定される原発事故を「重大事故」と「仮想事故」に分け、「仮想事故」を「理論上は起こるかも知れないが、事実上は絶対に起きない事故」としている。例えば、全電源が喪失して原子炉の冷却が不可能となり、メルトダウン（炉心溶融）を起こすような事故は理論的には考えられるが、緊急炉心冷却装置（ECCS）が作動するので現実には絶対に起こりえない「仮想事故」だと説明していた。これにより、地域住民に対して、「原発建設は絶対におきない事故にまで対策をとっているのだから絶対に安全です。何の心配もありません」と言いつつ、一方では、世界のすう勢にしたがって「事故時における対策」を考えざるを得なかったし、今後とも「世界のすう勢も考慮して再検討を行う」と付け加えなければならなかった。

そして3・11の福島第一原発事故は、「仮想」でも何でもなく、「現実」に起きたのである。

このような「指針」を私たちはどう評価すればよいのだろうか。

後にみる「福島第二原発原子炉設置許可処分取り消し訴訟」の原告団は1976年の準備書面で、詳しくこの問題を取り上げている。被告の国（東電）は、この「指針」などに従って審査したので安全審査基準に合致しており、違法性はないと主張していた。これに対して原告団は、この「指針」は原子炉等規制法の許可基準を具体化した法的規範ではなく、原子力委員会の内部規範であると指摘し、これに適合したからといって安全審査が適法であったとは言えない、と反論した。さらに、「付記」にあるように「行政的見地から定め」られたという目的が曖昧な「指針」に基づく審査に合格しても、住民の健康を守るものとはなりえない、との批判を展開した。確かに、「指針」をめぐってこのような問題点を指摘することは意味のあることで、追求されなければならない。

しかし、ここでは「原発と地域開発」という視点から「指針」のもつ問題を考えてみたい。「ある距離」をどのように考えるかは別にして、少なくとも事故に備え、原子炉立地のための3条件を「原子炉周辺は非居住区域（住民が住んでいない無人地帯）であること」、「非居住区域外側は低人口地帯（人口密度が低い）であること」、「人口密集地帯から離れた地帯あること」と定めたということは、原発は電力の多くを消費する人口密集地帯、つまり大都市およびその近郊には立てられないことを示したといえる。いや、立地できないだけでなく、原子力発電所の誘致を機に様々な産業が誘致され、人々が移り住んで都市化することを地域住民が望んだとしても、そのようなことはあってはならないことを「指針」は明確に示した、ということだ。

福島原発にあてはめて言えば、「浜通りの相双地区は、原発立地にふさわしい過疎地の臨海部だからこそ白羽の矢が立てられた」のであって、原発誘致後も「そのままの地域であり続けることが基本的に望まれており、人口の増加は抑制されるべき地域なのだから、過疎からの脱却などありえない」ということだ。しかしながら、そのことを国も県も東京電力も口にすることはなかった。かえって地方紙には、「ぐんと進む地域開発」、「工業と共存共栄」、「バラ色の相双開発」、「関連企業、続々と誘致」などの活字が国や県、東電の約束として踊った。そして、地域町村の町長・議員や住民の多くはこの約束を信じて「地域の発展」を期待したのだが、「指針」は初めから地域発展などありえないことを示していたのである。

2 双葉原子力地区の「開発ビジョン」

次に、福島県企画開発部が財団法人「国土計画協会」に調査研究を依頼して出来上がった『双葉原子力地区の開発ビジョン』を取り上げる。発行の日付は1968(昭和43)年3月となっている。

福島県(木村守江知事)は双葉地区を「一大原子力センターにする構想」を打ちだし、1966年9月、このための調査研究を国土計画協会に依頼する補正予算を組んだ。知事や県企画開発部が漠然と描いていた希望的な構想は、「原子力発電の利用を中心に新しい産業を双葉郡に起こそう」、「原子力を利用したプラスチック工場、ガンマー線を利用した農場の建設もめざし、双葉郡全体を原子力の先進地区にぬりかえる」といったものだった(「福島民報」同年9月15日)。

依頼を受けた国土計画協会は、松井達夫(早大教授)を委員長とする「双葉原子力地区調査委員会」を立ち上げ、10月から調査に入り、1年余をかけて作り上げたのがこの報告書である。調査には、建設省委員3名、日本原子力研究所委員、通産省委員、福島県園芸試験場委員各1名の計6名があたった。そのうえ、この調査を受けて審議委員として検討にあたったのが、左合正雄(都立大教授)、千野知長(農林省)、小林健三郎(東京電力)、吉田栄延(東北電力)の4名である。なかでも東電開発本部副本部長の小林健三郎は、地元紙などで原発の安全性を繰り返し宣伝し続けた人物だ。例えば「大熊の原子炉は、厚さ16センチの鋼鉄板で覆い、その外側が厚さ2メートルから2・5メートルのコンクリートの格納容器、さらにその上を1・2メートルから1・5メートルの厚さのコンクリートの建屋で包んでいる。関東大震災はマグニチュード7・9だったが、その3倍まで耐えるよう設計してある。もし大震災があって町が全部やられても原発は最後まで残るだろう」(「福島民報」1970年1月)。要するに、福島県が第三者機関に依頼して作り上げた調査報告書の体裁をとっているが、第三者による双葉地区の開発ビジョンではなく、これから原発基地をつくろうとしている東京電力と東北電力が思い描く「原子力地区・双葉地方の開発ビジョン」だということである。

調査報告書の「まえがき」には、この調査の目的が次のように述べられている。

〈地域開発といえば、農業構造改善ぐらいしか考えられなかった農村地域に、このような最新鋭の施設の進出がどのようなショックを与えるかは想像するに難くない。しかも、対象はわが国でも経験の少ない原子力施設である。これまで訪れる人も稀であったこの土地に、原子力発電所の見学客だけでも毎月5千人をこえる人が訪れるという。これだけでも大変な変化である〉〈低開発地域として取り残された感じを抱いていた地域住民が、この大きなショックを契機として、飛躍的な発展を期待することは当然であろう。地区内関係町村はいち早く協力して、地域開発の推進にあたろうとしている〉

いずれの人物が書いた「まえがき」か不明だが、「低開発地域の住民よ、最新鋭の施設だぞ、驚いたか」といった、上から目線での物言いが明白である。

発電原価と人口密度の低さ条件

さて、「開発ビジョン」の内容は、第1章原子力地区としての立地条件、第2章地区適正産業の開発計画、第3章産業基盤の整備計画、むすび（今後検討すべき問題点）からなる55ページに及ぶレポートである。まず第1章にこう記されている。

〈原子炉の立地条件については、諸外国において既に相当その安全性が立証され、次第に都市立地の傾向に移りつつあるとはいわれるが、原爆被災国としてのわが国の特殊な国民感情等を考慮すれば、現状においては、どうしても僻遠地立地を中心に考えざるを得ない。つまり、原子力発電所の立地としては、送電コストを含めた発電原価の許す範囲で、人口密度、産業水準の低い地域を求めて立地するということである〉

最初に注意してほしいことは、この調査が始まる1年半以上も前に、すでに前項で紹介した「原子炉立地審査指針及びその適用に関する判断めやす」が原子力委員会から出されていたことである。したがって「指針」によって原子炉の都市立地などありえるはずがないのに、「指針」について一切触れていない。そして諸外国では安全性が立証されて都市立地に移行しつつあるのに、日本で「人口密度、産業水準の低い地域」に原子力発電所の立地を求めるのは、「原爆被災国としてのわが国の特殊な国民感情等を考慮」してのことだという。「原子力発電は原子力の平和利用であって、決して軍事利用ではないのに、原子力イコール原爆を連想する誤った国民感情、そこから来る不安に配慮しているのですよ」と、いかにも恩着せがましいうそをついている。このことからも、「開発ビジョン」の性格を伺うことができる。

次いで、一般的な立地条件として、①周辺地域に大都市がなく、人口密度の低地域であること②大量の冷却水を必要とする関係上、海浜立地の必要がある③発電コストの関係上、送電距離がある程度以上長くならないこと、つまり、消費地からある程度以上はなれないこと④地質、地盤が強固であること⑤その他、土地造成等の土木工事費が低廉であることが望ましい——の5点を挙げ、こう記す。

〈この双葉地区を原子力地区としての立地条件面からみれば、人口密度が低いこと、地形は標高30メートル程度で比較的平坦であって、かつ地盤も十分な強度を有していることなどから、わが国においても原子力発電所の立地条件に恵まれた地域に達している。(略)さらに、県をはじめ、地元一般が原子力発電所に対して極めて協力的であり、これが他の自然的・社会的条件にまさる最大の条件である〉

本書の冒頭で紹介した「国・東電と県・町村の相思相愛」の思いこそが、福島に原子力発電所の密集地帯を生み出す「最大の条件」になると明確に述べている。

第2章の「原子力発電関連産業」項目では、「一般に発電事業の関連産業というものは、原子力発電に限らず、極めて考えにくいものである。それは今日の地域別の電力料金制度と送電の簡易さのために、電力が工業立地の主要な制約条件にはならないためである。原子力発電の場合に於いても、それが発電事業の一つである以上、その例外ではありえない」としている。

つまり、福島県の奥会津につくられた只見川水力発電所は、高低差の大きい山奥の発電所で電気をつくるが、山奥で電気がつくられるからといって工場をそこにつくらなくてもいい。発電事業とその電気を利用した工業の地理的な結びつきは必要ではなく、それは原子力発電でも同じということだ。

1951年から始まった「地域別民営9社による配送発電」体制にあって、東京電力が福島で電気をつくったとしても、それを福島で使うことはできず、福島は東北電力の電気を使うことになる。送電技術が進んでいる現在、福島でつくった電気を消費地東京に送るのはたやすい。だから大東京・京浜工業地帯に発電所がなかったとしても工業立地に何ら支障はなく、電気は遠く離れた福島からもってくればいい。裏を返せば福島の発電事業は、山奥只見の水力発電所であろうと、海辺双葉地区の原子力発電所であろうと、福島に工場が立地されて関連産業が起こることとは結びつかない、ということだ。

だとしたらどの県でもいいのに、なぜ福島なのか。その理由が、さきほどの立地条件のうち「送電コストを含めた発電原価の許す範囲」に適っており、何よりも最大の条件だった「福島（県及び双葉地区自治体）の誘致ムード」があったから、ということになる。そして次のように言い放つ。

〈双葉地域は数十年先はともかく、その工業立地条件から見て原子力発電以外の大工場の立地という面からみて、多くをのぞみ得ない地域でもあるので、むしろ原子力発電地帯に徹底して、県としては只見水系の揚水型発電の再開発などを含め、電力供給県としての地歩を確立するようつとめてはどうか。そして原子力地域としての開発をこの双葉地域開発の理念とすることも考えられる〉〈将来的に何か関連産業が考えられないわけでもないが、今日の段階では、この地域の特殊事情をも考え合わせて、燃料再処理工場とその関連工場をあげることができよう〉

こう述べた後、「燃料再処理工場とその関連産業」で次のように続けている。

〈再処理工場については、わが国では昭和46年完成を目途に、最初の工場を動力炉・核燃料開発事業団で建設し、東海発電所をはじめ当面国内の各原子炉から出てくるものを処理する計画である〉〈東電並びに東北電力管内の各発電所からの排出燃料の再処理工場として、この地が選定されることも考えられるだろう。（略）これら再処理工場の関連工場としては、核分裂性物質からのラジオアイソトープ製造工場、クリプトン、キセノン等の気体状放射性物質の分離とその化学工業への応用、燃料加工工場、食品照射工場なども考えられるが、これらはいずれも再処理工場のできた先の話であり、今日ではまだ夢の段階であるといえよう〉

さらに「原子力発電所と工業」の項では、原子力発電所の建設によって工業開発の直接的な効果を期待することは早計だとして、その理由を三つあげる。第一に、原子力発電所の立地は孤立的、自己完結的で、近くに工業的集積があることを忌避する傾向にあるため、第二に、関連工業として原子炉材料関係の工業や燃料加工業などがあるが開発途上であるため、第三に、安価な電力が地元で活用できるようになったとしても、アルミ精錬、非鉄精錬、電気製鉄などの電力多消費型工業は原料を海外に依存する臨海立地型工業なので、双葉地区ではなく、いわきや相馬地区に立地することになるため、としている。すると、双葉地方の将来、とりわけ工業の方向はどうなるのか。「開発ビジョン」は、原子力を中心とする工業地帯を目指すのが最適だと提言している。

〈現在、東京電力第一原子力発電所の第1号発電機が建設中であり、第2号機の着工も近いとき。さらに東京電力は富岡町・楢葉町に第二原子力発電所の立地を予定しており、また浪江町・小高町には東北電力の原子力発電所建設計画がすすめられている〉〈このように、当地区は、将来わが国有数の原子力発電地帯として、特色あるエネルギー供給基地となることは疑いない。したがって、当地区は、原子力発電所、核燃料加工等の原子力関連産業、放射能を利用する各種の産業、原子力関連の研究所、研修所などが集積したわが国、原子力産業のメッカとしての発展を指向することが最も適当であると考える〉

このような工業の方向付けに伴って、原子力地区と隣接地域の土地利用をどうするか具体的に調査研究し、詳細な地区開発構想図まで付されたのが「双葉原子力地区の開発ビジョン」報告書である。あからさまに言えば、その内容は「バラ色の双葉郡」とはほど遠い「望みなき双葉郡」の宣告とも言えるものだったといえる。

隠された不都合な報告

この調査報告書を受け取った県企画開発部や木村知事のとまどいは、想像に難くない。これをどういう形で双葉地区の町村に知らせたらよいのか、頭を痛めたことだろう。結局、県は不都合な部分はすべて伏せ、「報告書によれば、双葉地区はエネルギー基地として飛躍的に発展することが約束された」と、「双葉地区原子力センター構想」が裏付けられたように宣伝した。これを受け、双葉地区町村の担当者も、あたかも「双葉地方は仙台のような大都市になる」という夢のような話をばらまき続けた。

報告書の前書きに、「特別なご協力をいただいた調査委員の方々、および福島県当局、地元各町村の関係各位に対し、衷心から感謝する」とある。地元関係町村は、地域開発の夢を抱いて調査に積極的に協力したのである。そのため、県企画開発部としても、受け取った調査報告書を地元各町村に報告しないわけにいかず、各町村に配ったものの、読んだ人たちから「こんなものを読まれたら大変だ」と発表することへの困惑が広がった。これらの声を受け、県はすぐ回収したのではないかと思われる。

こうしたことから、この報告書が各町村のどの段階まで配られたのか、現在のところ不明である。ただ言えることは、原発の誘致・建設に関して地元の一部有力者に情報が知らされることはあっても、地元住民に丁寧に説明して同意を得ることはなかった。むしろ「不都合と思われる点は、それを意識的に隠して進められた」ということだ。

こうした事例は他にもある。例えば、この報告書作成のための調査が行われている最中の1967年

5月26日、浪江町臨時町議会は、東北電力浪江・小高原発（浪江原発）誘致を全会一致で決議した。同時に、建設が正式に決定されるまで、地権者にも町民にも一切知らせないことを決めた。住民に知られて反対騒ぎでも起こり、原発建設が遅れることを心配してのことだった。

また同年11月15日、知事の意向を受けた立沢甫昭・県企画開発部長らが富岡、楢葉、川内、広野の地元四町村長らを呼び、県議会の了解を得るために、誘致が町民からの盛り上がりで決定したように言い含めたといわれている。この意向を受けた楢葉町長は一週間後、楢葉町議会全員協議会を開催し、「先行投資について」という議案を提案した。「先行投資」とは、「具体的に波倉地区の土地を買収する」というものだった。しかし、福島第二原発のことは意識的に伏せた。当然、審議の中で「何の工場を誘致するための先行投資なのか」と質問が出たが、町長は「原発ではないかと思っている。それ以上のことは申し上げられない」。すると議長が「何の工場を持ってくるかは一応伏せた方がよい」と発言し、可決されたという。

さらにその3日後には、「南双方部総合開発期成同盟会」（会長・山田次郎富岡町長）が、広野町、楢葉町、富岡町、川内村の三町一村の町村長と議員が出席して結成された。同盟会は、企業誘致（実際は原発誘致）を決議して知事に陳情した。そのような「町民からの盛り上がり」を受けて、翌年1月4日、県知事による年頭記者会見で、福島第二原発の誘致計画が発表されたのである。しかしその時点で、同盟会の結成も陳情の件も町民には一切知らされなかった。

話が多少ずれたが、以上のような原発建設の進め方から推し量ると、『双葉原子力地区の開発ビジョン』報告書は、おそらく町村長とごく一部の幹部職員・議員に開示されただけで、あとは回収されてしまった。このため、ほとんどの住民は報告書の存在すら知らなかったと思われる。

ところで、どうしてこんな事情が分かるかというと、懸命に調べた人たちがいたからだ。後に「福島第二原発設置許可処分取消訴訟」を提起した早川篤雄たちである。早川は楢葉町の宝鏡寺住職で、高校教員だった。彼は、1971年4月、広野町に火発が誘致される計画を知り、「亜硫酸ガス公害」を心配して住民運動を起こすことになった。というのも、1966年9月、福島県（木村守江知事）が「双葉地区原子力センター構想」を打ちだし、その調査・研究費用を予算化すると、その2年後には木村知事の年頭記者会見があり、東北電力浪江原発、東京電力福島第二原発、広野火発が次々と打ち出される手際よさに不信感を抱いたのだ。これにはきっと裏がある、自分たちに知らされていない何かがある、と思わずにはいられなかった。そこで、楢葉町議会の「議事録」や全員協議会の「議事録要旨」を取り寄せて調べるうちに、次々と右のような事実が見えてきたのである。

ちなみに、『双葉原子力地区の開発ビジョン』は現在、二部だけ福島県立図書館にある。二冊ではなく二部というのは、元々の冊子ではなく、誰かがコピーしてファイルで綴じ込んだだけの粗末なものだからだ。早川が問い合わせたところ、現物は福島県庁にも、東京電力にも、国会図書館にもないという返事だった。知られたくない「報告書」がたどる宿命のように思える。

3 産業会議の「原子力発電所と地域社会」

三つ目は、原発建設を推進するためにつくられた日本原子力産業会議が1970（昭和45）年6月に出した『原子力発電所と地域社会　立地問題懇談会地域調査専門委員会報告書』である。

報告書は原子力発電について、〈経済の急速な成長に対応して、低廉かつ安定したエネルギー源として今後の急速な伸長が期待されている〉との認識を示し、〈原子力発電所の建設と地域社会との間の関連や相互の影響についての実態が把握され、問題点の解明がなされること、また、それに基づいて今後の原子力発電所の設置が円滑に進められること、さらに当該地域の発展をも刺激し促進しうるような共存共栄の方策が立てられることは、きわめて重要〉と述べている。

こうした目的意識のもと、1968年9月、地域調査専門委員会が設置され、原子力発電所を建設中だった東京電力の福島原発と関西電力の美浜原発の2地点（同年度末で福島1号機60％、2号機19％、美浜55％の建設完成度）で調査を始めた。委員会の主査は、またしても前述した福島県の『双葉原子力地区の開発ビジョン』をまとめ上げた松井達夫（早大理工学部土木学科教授）が務めた。報告内容がおおよそ予測できる。翌1969年2月には、委員会のワーキング・グループ（主査・笹生仁日大教授）として、大学教員や福島県企画開発課主任主査、開発部開発課主事、東京電力、関西電力社員、科学技術庁調査官、気象庁職員ら10名からなる調査班が設置された。調査班は約1年にわたり実態調査を実施して報告書をまとめ、委員会に答申して承認された。

報告書は、「原発の立地条件」と「周辺地域と関連の面での特質」について指摘している。まず立地条件としては、①1日数千トンの淡水源とともに、10万キロワット当たり毎秒数トンの復水器冷却用水（海水）が得られること②強固な岩盤があり、地震歴の少ないこと③安全対策として、原子炉から数百メートルの範囲を非居住区域としうること④以上の条件を満たしたうえで、長距離送電には多額の費用を必要とするので、できるだけ需要地から遠くないこと——の4項目を挙げたうえで、〈すべての原子力発電所は、海岸部の人口希薄なところに用地を求めており（略）、一般に第一次産業を主体とし、交通なども不便なへき地性の強い地区であり、自治体の財政力等もまた弱いことがうかがわれる〉としている。

周辺地域との関連では、①建設時の資金投下や雇用力は大きいが、地域経済との結びつきの点では浮動性が強い②運転段階に入ると、固定資産税など地方財政への寄与が顕在化してくるが、建設時に比べて雇用量・運送料・関連企業の範囲が限られ、地域への直接の影響量が少なくなる③近い将来、原子力の多目的利用によって周辺地域のより直接的な関連効果も考えられるが、今日の段階では直ちに大きな期待を持つことは難しい④現状ではまだ放射能に対する不安感が住民にあるため、用地取得から運転開始以後にいたるまで、地域の側の安全に対する理解を促進しうるような方策が必要⑤立地点に選ばれる地域は僻地性の強いところが多いため、原子力発電所の建設を地域開発の契機としたいという評価や期待が大きく、これをいかに方向づけるかが課題――とした。

「地域開発の契機にしたいという評価や期待をいかに方向づけるか」に関連して、問題にどう接近すればよいのかをさらに詳しく述べ、〈原子力発電所の設置に関して、地域の側から出される受け入れの第一条件は、そのことが「地域開発の契機」としてどれほど役立つであろうかということである。地域開発の問題は、施設設置の目的とは本来かかわりのない事柄であるが（傍線筆者）、現実にこのような要請が打ち出されている背後には次のような事情を指摘することができる〉として、以下の4点を列記している。

①僻地の開発問題は地域政策上必ずしも明確でないため、地方自治体が原子力施設の設置を開発の突破口にしたいという期待を強くもつことになる②とくに僻地では、学校・交通・消防・公共水道など生活に密着した社会資本整備のレベルが通常、ナショナル・ミニマム（国民生活の最低水準値）以下であるため、原子力発電所の開発を契機として一挙に期待感がでてくる③原子力発電所の場合、建設段階では資金投下や雇用力が大きいが、運転段階に入ると影響量が一般的に減少するため、住民感情としてはできるだけ将来を見通した開発をしておきたいということになる④こうした開発への期待は、電力会社が公共的性格と地域産業的性格の強いものであるため、一般の企業進出の場合より加速される。

そして最後に、「このような諸事情は、現状のような立地地点の性格のもとでは、発電所設置の問題と並行しつつ、県、市町村、施設者、それに国の四者がそれぞれの役割を積極的に担いつつ、当該地域の開発問題を前進させる方途を見出してゆく必要のあることを物語っている。このためには何よりも県、国の責務が明確にされる必要があり、施設者もまた、地域開発のモティベーターとしての役割を改めて確認すべきであって、かかる点からの考察がつくされねばならない」とまとめている。

要するに、原子力発電に対する住民の間違った期待を上手く誘導するにはどうすればいいか検討した結果、地域開発は本来、電力会社ではなく国や県の責任でやるべき課題であって、産業界は地域発展の動機づけ、夢を見させる役割を担うにすぎない、と言っているのである。

これらのことを前提に始めた地域の実態調査結果は、大方予想通りの内容だった。それによれば、「原子力発電所誘致を初めて聞いた時どう思いましたか」との質問に対して、福島原発隣接地域住民の56・5%が賛成、10・2%が反対と答え、賛成の大半は「地域発展」「町発展」「寒村開発」など地域開発への期待を理由に挙げた。経済的側面の調査では、福島1号機の建設費は420億円、2号機の見積もり工事費を加えると概算1千億円に達すると算定。建設を東京電力から受注した元請け業者は県外が圧倒的に多く、県外元請け31業者が地元に支払った総額の94%は、県外元請けの上位5社（鹿島建設、熊谷組、五洋建設、間組、前田建設）からのものだった。電力会社の社員はほとんど県外者で、福島原発の常備者（じょうよう）53人はすべて地元採用で守衛や自動車運転などに従事していた。これに対し、発電所建設工事業者の場合、全体の8割強を占める労務者のうち、県内の地元労務者が1417人中1010人（うち立地町内から571人）に達していた。その8割以上が臨時雇用であり、出稼ぎ経験者も15%を数え、農家の兼業化が進んでいることが判明した。商業面では、バー、寿司屋、喫茶、レストランなど都市的な飲食店の新設が目立っていた。

こうした実態調査をふまえて、「報告書」は地方財政の問題点として次のような「提言」というか、「ありがたいご忠告」を述べている。

i　**財政収入の問題**　収入面でいうと、固定資産税の増大は著しいものの、交付税の減少と相殺されると、自主財源となって残るのは増加分の4分の1程度である。この影響は、純財源増としては一般に期待されているほどではない。従って、これに対する期待から、行政への過大な要求や放漫財政は慎まなければならない。

ii　**地域関連事業と責任分担**　財政力の貧弱な地元町村に、これらの事業（地域関連事業）の費用分担が膨大となり、その後の財政に異変をきたすことは避けるべきであり、原則的に国および県が財政上の負担をし、企業も所用の費用分担をすることを一応の原則とすべきである。しかし、地域関連事業の中には発電所の建設に直接必要なもの（たとえば道路・港湾、ダムなど）と間接的に必要なもの（たとえば住宅・学校など）とがあり、この二つは分けて考えなければならない。後者については本来地元町村の責任に属することであり財政負担の生ずることはやむを得ない。また、原子力発電所建設の機を利用した地元民の要求に応ずる形で市町村が新たな投資を行うことが多いが、これは当然、市町村財政の範囲内で行うべきであり、国、県、企業などへの過大な要求をすべき筋ではない。

iii **国の政策の明確化**　原子力発電の事業は、将来のエネルギー政策の問題であるとともに、国土開発上の問題でもある。しかるに現在なお、この両者に関して国の明確な政策体系があるとは言えない。とくに将来の国土開発の上から原子力発電所の立地をどのようにすべきかは不明確であり、主として企業と地方団体にゆだねられているのが現状である。この点、各政策のあり方を今後十分に検討されるべきである。

3点にわたるこうした原子力産業界の率直な声は、「報告書の結び」でも繰り返される。次のような業界の思惑も露骨に述べられていた。〈僻地開発にはそれ自体独自の対策が必要であり、原子力発電所立地に負わせるべきではない。この意味からも、原子力発電所立地問題とは別個に、有効な僻地開発のための対策を早急に樹立する必要がある。僻地に対する行政措置が行われることによって原子力発電所が過大な役割を負わされることがないようにはかられるべきであろう〉。

この立地問題懇談会に委員として名を連ねている面々は、座長・平田敬一郎（前日本開発銀行総裁）、座長代理・福田節雄（原子力安全研究協会常任理事）に始まって、全国9電力の副社長・常務取締役クラスのすべて、日本原子力発電・電源開発・電気事業連合会・三菱原子力工業・東京芝浦電気・日本原子力研究所・動力炉核燃料開発事業団・日本原子力船開発事業団等からの代表、木村守江福島県知事を筆頭に茨城・福井・三重の各県知事および全国知事会事務局長、全国農業共済・全国漁業協同組合・水産資源保護協会等の会長や理事、それに原発推進を唱える大学教授連である。また、オブザーバーとして科学技術庁、通商産業省、自治省、経済企画庁、水産庁、厚生省などの各役所から送られた役人が加わっている。

それだけに、さすがと言うべきか、この報告書で日本原子力産業界が要望した事項は、1973年の「発電用施設周辺地域整備法案」の国会提出、さらには石油ショックを経て翌年6月3日、第3次田中角栄内閣・通産大臣中曽根康弘の下で、いわゆる「電源三法（電源開発促進税法・電源開発促進対策特別会計法・発電用地施設周辺地域整備法）」制定という形で見事に実現したのである。これによって、電源交付金が発電所（水力・火力も対象とされているが原発が中心）の立地する自治体にばらまかれ、原発推進勢力の原動力になるとともに、「原子力発電所の建設と地域開発は関係ない」ことが次第に明確になっていくことへの地元自治体の不満、原発への不安を緩和させていく役割を担うこととなった。

このような施策に対して、地元からの批判がなかったわけではない。後に福島第二原発1号炉設置許可取消訴訟の現地事務局の一員となった広野町在住の皆川輝男（双葉高教員）は、「県連ニュース」第8号にこんな一文を寄稿している。

〈われわれの地域は、相対的に貧しい。だから原発を誘致して、関連産業の導入をはかり雇用の機会を増やすというのが、原発誘致賛成者の一つの有力な理論の武器であった。しかし、それがあまい幻想にすぎないとわかると電源三法の交付金で人心を攪乱し、それでも不安で、今度は核燃料保有税なる珍案を目下考慮中である。人間の生命を札束で買うといったこのような思想に共鳴する姿勢は、麻薬をうって瞬間をしのぎ、ついには自分の生命を危うくする夢遊病者の盲群のそれに等

しい〉

それにしてもである。立地問題懇談会のこのような報告書に名を連ね、「原発と地域発展は無関係」であることを知りながら、「福島原発で双葉地方の開発・繁栄」幻想をバラまき続けた木村知事、その知事を持ち上げ続けた地元紙「福島民報」「福島民友」の責任は極めて大きいと言わざるをえない。

第3章　地元住民、反旗を掲げる

国道6号線の向こうに福島第1原発の排気筒が見える

1　舞台裏で進む根回し

冒頭で触れたように、木村守江福島県知事は着々と進めてきた原発建設構想に自信を深め、１９６８（昭和43）年1月4日、年頭記者会見の席上で意気揚々と「双葉地区原子力センター（原発集中立地）構想」をぶち上げた。これは、東京電力による大熊町と双葉町の福島第一原発（６基）に続き、富岡町と楢葉町の福島第二原発（４基）、さらには東北電力による浪江町と小高町（現南相馬市）の原発（４基）建設を受け入れ、あわせて14基の巨大な原子力発電所を集中させることによって双葉地方を日本一のエネルギー供給基地にする、というものだった。

ここで、この木村知事の「双葉地区原子力センター構想」発表にいたるまでの舞台裏を少し振り返っておきたい。

福島県開発公社は、かねて東京電力から民有用地買収斡旋の依頼を受けていたが、志賀秀正大熊町長の立ち会いの下、１９６４年7月、同町の福島第一原発建設予定地の地権者から土地売却承諾書を取り付けた。続いて11月には、東京電力が直接交渉を進めていた国土計画興業の所有地の買収も完了した。この時点で、福島第一原発建設のための大熊町側第1期用地（1～4号機）は確保された。さらに、双葉町側の第2期用地（5～6号機）確保の見通しもたった。

東京電力は、これを受けて、第二の原子力発電所建設用地の選定作業に入り、1965年9月には富岡町と楢葉町の境界区域を適当と判断するに至った。『東京電力三十年史』は、立地選定の理由について、〈この地区が選定されたのは、地盤、取水をはじめ原子力発電所としての立地条件を満たしているとみられたこと、大熊、双葉地点の立地を進めている経緯から、地域の理解、協力が得られると期待されたことなどによるものである。当社は地域に対してこの構想を打診し、地元意思の熟成を待った〉と説明している。

たったこれだけの短い説明だが、問題は終わりの部分である。〈地域に対して打診した〉というが、その「地域」とは一体どこを指しているのか。県知事、それとも地元町村長や町議会、それとも地域の地権者、住民なのか。少なくとも富岡町や楢葉町の地域住民が「この構想の打診」を受けたことは全くない。また「地元意思」といっているが、それは何なのか、地元のどの部分を代表する意思なのか。知事？あるいは町村長や町議会？それとも地権者、住民？　何よりも「熟成を待った」という意味深な表現は一体何なのか。第一原発建設の際の「東電の根回し」同様、極めて興味深いところである。

果たして適地確認から2年後、「熟成を待った」成果が見事に実を結んだ。『同三十年史』は、続けてこう記す。〈昭和42年11月には、双葉郡南部の富岡、楢葉、広野、川内の4か町村の町村長と全町議会議員が出席し、南双方部総合開発期成同盟会（会長・山田次郎富岡町長）を結成し、県知事に対し同地域への企業誘致を陳情した。同年12月、富岡町長は原子力発電所誘致を発表し、地権者代表に説明を行ったのに続き、青木楢葉町長も同様の説明会を開催した〉。

こうした経過後の1968年1月、福島県知事の年頭記者会見となったのだ。

同様の経過報告は、福島県が毎年3月に発行してきた『原子力行政のあらまし』にも見られる。その中で福島県は、福島第二原発誘致運動の発端として、毎年、次のような文章を掲載している。

〈大熊町、双葉町の原子力発電所誘致運動が発端となり、富岡町、楢葉町においてもその気運が高まり、昭和42年11月には、南双方部総合開発期成会が企業誘致を知事に陳情し、43年1月、県は、東京電力福島第二原子力発電所の誘致を発表した。なお、富岡町、楢葉町は協力の態度を示し、富岡町議会でも原子力発電所誘致促進の決議を行っている〉

このように、東京電力や福島県の記述によれば、福島第二原子力発電所の誘致は、地元町村からの企業（原発）誘致の熱い声→その声に応えようと努力する県→地元町村・県の要望を聞いて動き出す東電、という流れになっている。しかし本当にそうなのか。第一原発の誘致・建設と同様、東京電力の「根回し」＝「地域の熟成を待つ」ことによって、「地域の声」がつくられたのではないか。そのような疑念を払拭することはできない。

たとえば、南双方部総合開発期成同盟会の結成も、「企業誘致」の陳情の事実も、実は関係者以外には秘密とされ、地域住民に知らされることはなかった。また富岡町長も楢葉町長も、事前に「原子力発電所の誘致を発表し、地権者代表に説明を行った」とあるが、その説明がいつ、どのような場でなされたのかは不明だ。しかも注意してほしいのは、「地権者や地域住民」への説明ではなく、地権者「代表」に説明したという点である。やや微妙な表現だが、『富岡町史』続編・追録編（１９８９年2月発行）には、こう記されている。

〈財政難の時代は続く――〉。こうした状況下の、南双（双葉郡南部）地区に、原子力発電所の立地計画が持ちあがり、地元の発展を待ち望んでいた各自治体は、実現に向けて誘致運動を展開する。当時の木村福島県知事も「相双地方の開発には原子力誘致が望ましい」と提唱。各町村長に働きかけたのがその発端となった〉

つまり、表向きの経過報告とは異なり、発端は「県知事の提唱、働きかけ」で、それによって各町村長が原発の誘致運動に動き出したのである。従って実際の流れは、電力を原発でという国策→これを推進する東電→国策・東電に相乗りする福島県知事→その働きかけの下、地域の発展・補助金欲しさで協力する地元町村長や議員・名望家たち、ということになる。双葉地方の町村長にすれば、地元の要望を聞いてもらえたことになり、県知事にすれば地域の要望を聞き取り、それに配慮したということになってはいるが、そもそも「エネルギーを原発で」という国策からすれば、地元の要望は付け足しでしかなかった。そして地元の地権者や住民は、最後の最後、すべての外堀が埋められた後で、突然の知事発表という形で、しかもマスコミ報道によって知らされたのである。

つまり、自信に満ちた先述の知事発表とは裏腹に、東京電力福島第二原子力発電所と東北電力浪江原発の誘致・建設は、町長や一部議員を除き、地権者を含めて大部分の町民や近隣の住民に丁寧に説明されることもなく、むしろ隠密に進められたものだった。地権者たち地元住民にしてみれば、知事の年頭記者会見報道は、まさに寝耳に水だった。事前に何の相談を受けることもなく、まさに一方的に、突然、「お前の土地の上に原発を建設する計画がある」と知らされたのである。驚きと不安、さらには不信のただ中に突き落とされることになった。すぐさま東電第二原発建設予定地の富岡町毛萱（けがや）地区や、東北電力浪江原発建設予定地の棚塩地区では、地権者による建設反対同盟が結成され、相次いで反対決議や建設中止の陳情が繰り広げられることになった。

2　福島第二原発の富岡町――切り崩しと説得

楢葉町と富岡町にまたがる福島第二原子力発電所建設用地と進入路を含む地権者は、楢葉町側は町自身（町有林約15町8反）と波倉地区の住民で、富岡町側は、太田、下郡山、仏浜、毛萱と四つの地区の住民だった。

このうち楢葉町側では、波倉地区の地権者52人からは、土地そのものが瘦せ地で交通の便も悪く、住みよい地域でなかったこともあって、反対の声は上がらなかった。とりわけ原発建設予定敷地内の山林原野には、戦後入植した開拓農家13軒が住んでいたが、ここに原発誘致の話が持ち上がると、すみやかに家屋の移転を受けいれた。

これに対し富岡町側の4地区では、原発建設予定敷地内に居住していた地権者はいなかった。そのうち、太田、下郡山地区の住民は山だけの地権者であり、仏浜地区はたった2人、しかもわずかな田の地権者だったこともあって、この3地区からは反対の声は上がらなかった。

これら三つの地区と条件が違ったのが富岡町の毛萱地区だった。常磐線の富岡駅から南へ約1キロ、海に面した34戸の農家からなっていた。住民は、いずれも地味豊かな田畑と山の地権者だった。そのため毛萱地区は、この地方では名の知れた野菜の産地で、とりわけ毛萱ネギが特産品となり、農業収入だけで生活が可能だった。それだけに、突然の第二原子力発電所の建設発表に対して、住民は戸惑いから次第に怒りを覚えていくようになる。

「何で俺たちが、先祖伝来の土地を手離さねばなんねえのだ」。県知事の会見発表からわずか6日後の1968(昭和43)年1月10日、まだ東京電力が正式に発表する前だったが、毛萱地区34戸の全住民は、地区の総会で一致して原発建設に反対することを決議し、毛萱原発反対委員会の結成を宣言した。翌2月7日には、富岡町議会に対し、原発建設反対の陳情書を提出した。しかし、富岡町議会は3月30日に定例解散を迎え、毛萱住民の陳情書はその段階で一端、消滅となる。このため、毛萱住民は再度、6月27日に原発建設反対陳情書を新たな富岡町議会に提出した。翌日、町議会が「原発建設反対陳情書審査特別委員会」を設置したまではよかったが、その後どのような審査をしたのか不明のまま、半年後の12月12日の町議会で「反対陳情書」を不採択とし、その4日後、「原発誘致促進決議」を採択したのだ。

その間、毛萱地区の全住民は結束を固め、地区の総会を繰り返し開くとともに、回覧板を利用して「原発反対」の意思を共有しあった。中でも推進者たちを困惑させたのが、有名な「原発反対の強化　三原則」である(鎌田慧『日本の原発危険地帯』青志社、2011年)。

一、話し合いには絶対応じないこと
一、だんまり戦術により多忙な様に仕事する

一、印は絶対に押さないこと
イ　一致団結して堅く三原則を守り勝ち抜く。
ロ　町当局の作戦として各要人を差配して話し合いの糸口を見つけ出そうとしております。地権者あげてこの謀略には乗せられない様にたしかめましょう。

こうした住民の申し合わせの一方で、「各要人を差配しての切り崩し」にはすさまじいものがあった。賛成派の親族をはじめ、町職員から町議、県職員から県議・県議会議長、さらには代議士まで含め、使える手づるは何でも使って、入れ替わり立ち替わりの説得工作が繰り広げられた。中でも大きな役割を果たしたのが、福島県議会副議長を務めていた早川竣通だった。早川は、買収予定地の松林の最大の所有者でもあった。「おれも進んで売り渡すんだから、皆もそうしてくれろ」。「富岡、いや双葉郡はこのままでいいのか。なにも自分たちだけのためでねえ、町全体の繁栄につながるんだ、これから富岡が発展するかどうかが、かかってんだ」、「町が言っているんじゃねえ、県も国も約束しているんだ」。

このような説得が繰り返される中、反対運動が2年目に入る頃には、気がつくと、「反対は反対だが、一応、向こうの話も聞くだけは聞いてもいいのじゃないか」という条件派や、「早川さんには逆らえねえ」、「印を押してしまった」という賛成派も出始めていた。

推進の旗振る地元紙

ちょうどその頃、「福島民報」は大型連載記事『第三の火』（1970年1月19日～2月5日）を掲載した。企画した意図を次のように書いた。

〈ことし10月、双葉郡大熊町に『第三の火』がともる。日本経済の飛躍、繁栄が期待される1970年代のエネルギーのホープ原子力発電がいよいよ実用化されるのだ。（猪苗代・只見川水系の水力発電、常磐炭田の火力発電の水火を制した）本県はいままた日本の新しいエネルギー基地、未来社会の発展の担い手としてクローズアップされようとしている〉〈（第一原発）運転開始を前に改めて建設のもよう、用地を提供した人たちのその後、さらには建設反対を叫ぶ第2、第3基地の富岡、浪江地区の表情、安全性問題など、県の双葉地方の開発ビジョンと関連させ、あらゆる角度から14回にわたってスポットを当ててきた〉

連載記事のなかで、毛萱地区住民の代表的な反対意見を紹介している。

「どうして双葉地区に建設しなければならないんだ。人口が少なく放射能で汚染されても被害が少ないというのか。放射能の危険性がある原子力発電所などにこの土地は売らんねェ」

「原子力発電所ができたって何の恩恵もねェ。町は運転を開始すると固定資産税が入ると宣伝しているけど、その時は地方交付税がもらえなくなるのだからあまりプラスにはなんねえんだ。固定資産税が入ると思って大熊、双葉町はでっかいことをやっているようだが、第1号機が運転を始める10月になってさっぱり税収があがらなくてビックリするゾ。原発には関連産業がないから建設工事が終わったら何の利益もなくなり残るのは放射能だけだ」

「いまの農業で十分、食っていける。点在する遠い代替地などいらない。公益事業といっても一企業のためにオラたちが犠牲になる理由はない。うまいことといっても、出来上がるとまた公害問題が起きるんだべぇ」

「放射能の危険性がないなんてウソだ。原子炉の壁が2メートルも厚くして堅固なつくりにしてあるから安全だというが、逆に考えればそうしなければ危険だということだべ。どんな企業でも地方に出てくるときは絶対に公害はないとうまいことという。だが出来てしまうと公害問題なんて全くそっちのけになってしまう」

これに対し、賛成派の代表的な人々の意見も取り上げている。

鎌田啓一県開発課長「現在でこそ原発関連産業が少ないかもしれないが、5、6年後には電力消費型のアルミ工業、鉄鋼などの進出が期待できようし、原発建設が終わると原発景気がなくなるという考えは当たらないと思う。今後、双葉地方が県内一の先進地になる可能性さえ持っているといえるでしょう」

山田次郎富岡町長（南双方部総合開発期成同盟会・会長となって第二原発の旗振り役を担った）「原子力発電所建設によって南双開発が進み、ひいては地元民が利益を受けることになる」「人類が月に行く時代の科学技術が原子力発電所の安全性を証明しているのだから心配はないと確信している。統計的には飛行機にしても16万回に一度は落ちることがあるという。しかしそんなことばかりいっていては進歩だとか開発は考えられまい」

五十年近く前の原発建設当時の声だが、一体どちらの意見、懸念が正鵠を射たものであったか。3・11原発事故を現実に味わった今の時点で読み比べると、言うべき言葉が見つからない。

話を元に戻そう。「福島民報」連載記事『第三の火』は、このように反対意見も紹介して「原発問題をあらゆる角度から検証」した公正な報道をうたっているが、内実は原発推進キャンペーンである。その一つ一つの記事を紹介できないが、連載特集記事のタイトルをいくつか並べてみる。タイトルからも、「原発がいかに相双地区に繁栄をもたらすかを住民は理解すべきだ」と、反対運動を抑え込もうとしていたことがわかる。

「未来社会をになう　双葉、原子力時代の先兵に」／「選ばれた双葉地区　地形上最適地」／「やっと対話ムード　毛萱地区　代替地などに不安／」「安全性　三重四重の防壁　大震災でも原子炉は残る」／「恩恵　うるおう町財政　ぐんと進む地域開発」／「バラ色の相双開発　日本一の基地に」

そして、この連載記事の最終回が「知事・両電力担当常務に聞く」だった。出席者は福島県知事・木村守江、東京電力常務取締役・原子力開発本部長田中直治郎、東北電力常務取締役・原子力開発推進本部長鈴木憲郎、司会は福島民報社常務取締役編集主幹・塩川朝夫。一部を抜粋する。

本社　原発建設による相双開発は木村県政の柱になっていて、大多数の県民もそれを支持しているわけだが、それが末端まで浸透していないんではないか。敦賀（日本原子力発電）、美浜（関西電力）を見学したとき感じたんだが、あそこでは県も町役場も議員の方々も強烈な〈地ならし〉をやっている。それがいいか悪いかは別にしても、建設がスムーズにいったこととウラハラの関係にあるような気がする。県や県議会がもう少しテコ入れしてもいいんじゃないかと思うんですが……。

知事　何でも仕事を始めようとすると抵抗があるものだ。抵抗なくして建設はないといってもよいほどだ。ことに原子力に対して日本人は特異な体質といった感じで必要以上に抵抗あるのは事実だ。しかし、地域住民に本当の理解と協力を得るよう県も出来るだけ関係機関を動員、さらに努力するつもりだし、その点了解していただけるものと考えている。（略）

本社　ところで用地の買収は建設計画からいって締めきりギリギリだと思うが、地元民へのアプローチは？

知事　富岡地区で「反対」の声が上がってきているが、当初はそうでもなかった。原子力発電所が出来てもらわなければならないというふうだった。ところがそのうちに、「嫁のきてがなくなる」とか「安住の地を失うんだ」とか科学的には解釈できないようなことをいって（笑い）あおる連中が出てきた。しかしそれらの連中も先進地を見てきたり、いろいろ話を聞いてだんだんそんな話しも少なくなった。

本社　もし、ほんとうに県民が安住の地を失うというような重大な問題があれば県も首を振るわけがない。（笑い）

知事の特別配慮金で終幕

この連載記事から半年後、毛萱地区の反対運動は、木村知事が直接乗り出す中で終焉を迎える。その経過を「朝日新聞」福島版（1970年8月）などから拾い読みしていくと、次のようになる。

1970年8月8日、毛萱地区の原発建設反対委員会に結集していた地権者34人の大方が反対陳情のために県庁に出向き、知事室で木村知事と面談した。知事との直接の話し合いはこれが初めてだった。地権者たちは「農地・山林を失うことは今後の生活に大きな不安となる」「原子力発電所の安全性については納得できない。原発建設計画は中止してほしい」と訴えた。これに対し知事は、原発ができれば農外収入、高級園芸農業の道が開け、安全性は確認されていると伝え、説得に努めた。その傍から、吉野県企業局長が「生活設計は知事にまかせて、立ち入り調査同意書に調印してほしい」と口を添えた。地権者たちは「今すぐ返答できない。ともかく知事は現地に足を運び、われわれの実情を視察してほしい」と要望して終わった。

この反対陳情から2週間ほど経った8月25日、地権者たちの要望通りに木村知事が毛萱地区に足を運んだ。木村知事は区長や吉野県企業局長らの案内で原発建設予定地を視察した後、区長宅で地権者代表4名と懇談した。地権者代表たちは、①原発建設が発表されてから平和な村が人間関係でくずれてきている。以前の平和な村落に戻してほしい②農地と山林を失うことは生活に不安がある③原子力発電所の安全性に疑問がある④大熊町に未開発の土地がたくさんあるので、今の原発工事を拡大して毛萱地区は中止してほしい——などと要望した。これに対し木村知事は、再度、生活面の保障と原発の安全性を説明して協力を求めた。さらに、この日と翌日にかけて、折笠輿四郎副知事を先頭に県の担当者が地区に入り、各戸を回って一挙に解決を図った。

この異例とも言える知事の現地視察と住民代表との懇談、副知事・県職員の各戸訪問を受けて、早速27日、毛萱地区の臨時総会が開かれた。3時間に及ぶ話し合いの結果、出席者33名のうちほとんどの地権者は、知事の要請通り、立ち入り調査を認めることに同意した。それでも3名は「2年余りも絶対反対を続けてきたのに、急には気持ちの整理がつかない」として態度を保留した。

翌年3月、第二原発建設用地として東京電力が提示していた価格に、「知事の特別配慮金」1億円を上積みすることで、毛萱地区の地権者全員が土地売却を承諾した。4月には本契約が締結され、代金が支払われた。こうして、富岡町毛萱地区の地権者による東京電力第二原子力発電所建設反対運動は幕を閉じた。

この後、福島第二原子力発電所建設反対運動は、後述するように、建設予定地に土地を持たない富岡町、楢葉町をはじめとする近隣住民たちが担うことになる。

3　浪江原発計画の浪江町——知らされなかった誘致決議

常磐線浪江駅を下車して、直線距離で4キロ余り東へ進むと、高さ30～35メートルの台地が太平洋に突き出した海岸線に出る。そこが、東北電力による原子力発電所の建設予定地、双葉郡浪江町棚塩地区である。海岸線に沿って南へ視線を移すと、10キロほど離れたところに東京電力福島第一原子力発電所の排気筒がうっすら見える。これまで、浪江町当局や町議会は、この地になんとかして原子力発電所を誘致しようと熱心に働きかけてきた。その一方で、建設予定地の地権者や町民には一切の情報が秘匿されたままだった。

地元住民らの話と、恩田勝亘『原発に子孫の命は売れない』(七つ森書館、1991年)によると、事の次第はこうである。

1966年12月、浪江町は3人の町議を「子どもの村」建設陳情のため、福島県庁に向かわせた。このなかに、後に町長となり、子や孫の役場・農協への就職を餌に反対派農民の切り崩しに奔走した町議もいた。県庁に入る直前、顔見知りの浜島崇県議(民社党)にばったりと出会った。彼は東北電力労組出身の県議だった。挨拶を交わして要件を伝えると、浜島は「子どもの村も悪くないが、もっともっと大きい話がある」と言い、3人を自分の事務所に連れて行った。そこで浜島は「いよいよ、東北電力も原子力発電所の建設を目指して候補地の検討に入っています。浪江町も大熊町のように原発を誘致してはどうですか。1号機建設だけで建設費は何と500億円、将来的には4号機まで建設する計画です」と伝え、こう付け加えた。「私の知るところでは、お隣の宮城県の女川町が誘致に熱心だということです。うかうかしているとそっちに持っていかれてしまいますよ。誘致の決め手の一つは、町がどれだけ一致団結して熱意を見せるかのようです」。町議3人は「子どもの村」建設の陳情をやめ、浪江町に戻った。

翌年5月26日、浪江町は臨時町議会を開いた。議題は「東北電力原子力発電所の建設誘致」。浜島情報に基づいて経過が説明された後、町議会は「将来の街の発展に欠かせない」として全会一致で誘致を決議した。しかし、地元の反対などで建設計画が宙に浮くケースもあるとのことで、正式決定までは地権者、町民には知らせず、隠密に事を進めることを申し合わせた。

6月になると、町当局や議会関係者が再三、仙台市に出向き、東北電力と県に対して原子力発電所の建設を陳情した。9月に定例の福島県議会が始まると、その冒頭で木村知事は、「東北電力の原子力発電所を、ぜひ双葉地方に誘致したい」との構想を表明し、10月には浪江町や同町議会に地元の態勢を整えるよう指示した。さらには、立沢甫昭・県企画開発部長を現地に派遣し、浪江町を含めた相双地方の数か所を視察させるなどテコ入れを始めた。

11月15日には、知事の意向を受けた県当局が地元町長らを呼び出し、県議会の了解を得るためには「誘致が町民からの盛り上がりで決定したようにする必要がある」と言い含めた。この県の意向を受けて早速結成されたのが、すでに触れた「南双方部総合開発期成同盟会」だ。こうした動きは、地方紙をよく読んでいれば気づいたかもしれないが、正式決定まで町議会側も隠密に進めることにしていたため、棚塩地区住民の間で大きな話題になることはなく、見過ごされがちだった。

県や町議会が水面下で活発に動いていた最中の1968年1月3日午前、浪江町棚塩地区では恒例の「大字会（おおあざかい）」の総会が開かれた。「大字会」は江戸時代から続く地区の寄合会のことで、東北電力浪江原発の建設が検討されていた当時、北の高台に約50戸、南の平地に約70戸、合わせて120戸からなっていた。総会では、出席者の中から原発誘致の話題が少し上がった。しかし、浪江町議でもあった区長が「それはねえべえ」と否定したことから、沙汰やみとなった。午後からの新年会はいつものように和やかに飲み、食い、語り合い、解散となった。

総会の席で「それはねえべえ」と否定した区長は、原発誘致を決めた臨時町議会の決議を当然知っていたし、彼自身も東北電力への陳情に出かけていた。しかし、町議会の取り決め通り、区長はそれを口にすることはなかった。

ところが新年会翌日、先述したように木村守江県知事が年頭記者会見で「双葉地区原子力センター構想」をいきなり発表する。原発建設予定地の一つが自分たちの浪江町棚塩地区であることを突然知らされた住民は、驚きとともに怒りと不信感を抑えることができなかった。怒りの対象の第一は木村知事に対してだった。「なんで俺たちに何の相談もなく、勝手に俺たちの土地を取り上げて、原発を作るなんて言うんだ。まずおらたちに話を持ってくるのが筋というもんだべ」。

対象の第二は、区長でもあった町議だ。前年5月に臨時町議会で原発誘致を決議していたにもかかわらず、自分達に何一つ知らせなかったことが次第に判明する。区長は全部知っていながら、総会で「原発誘致、それはねえべえ」と言っていた。おそらく区長にしても、まさか知事が新年会翌日、突然に原発誘致を発表するとは思っていなかったのだろう。窮地に追い込まれ、彼は5月に予定されている次期町議選に出馬しないことを表明した。しかし、棚塩地区住民の怒りはその程度で収まらなかった。

1月21日、棚塩地区と同様、建設予定地とされた小高町浦尻地区でも反対の声が圧倒的だった。このため、「浪江原発誘致絶対反対棚塩・浦尻地域住民」の名で早速、「反対決議文」を出した。その2日後の23日には、浪江町棚塩地区の臨時総会で「浪江原発誘致絶対反対期成同盟会」が結成された。当初は「大字会」の全員が参加していたため同盟会の会長は区長としたが、実際の原発反対運動は、当時の九つの隣組から各2名選ばれた委員会が担い、その委員会で選ばれた委員長が全責任を負うことにした。但し、反対運動は特定の指導者ではなく、地区住民全員で担うという意味で、委員長の任期は1年、再任は認めないこととした。総会は、初代委員長に渡辺貞綱を選出するとともに、「反対同盟基本方針三箇条」を次のように決めた。

一、原発に土地は売らない
二、県、町、電力と話し合わない
三、他党と共闘しない

前述した富岡町毛萱地区の「原発反対の強化　三原則」を連想させるもので、当初は自分たちの頭越しに建設を進める行政に対する不信感・憤りが際立っていた。一の「原発に土地は売らない」は、反原発運動の最大の強みであり、結局、東北電力の浪江原発が建設できなかった根本理由は、この一点にあったと言っても過言ではない。「原発に子孫の命を売れない」が貫かれた結果だった。二の「国策」を錦の御旗に掲げた「県、町、電力」の三者は、以下でも触れるとおり、まさに一体のものだった。三の「他党と共闘しない」は、棚塩独自のもので、もともと保守的な農村地域にあって、社会党や共産党、さらには当時活発になった学生運動と一線を画そうとしたものだった。

反対期成同盟会は、早速、東北電力本社に出かけて原発建設取消を陳情したり、棚塩住民210名で町始まって以来初の原発反対〈デモ行進〉を決行したり、多くの専門家に協力を仰いで地域学習会を開いたりするなど活発に行動した。こうした活動を通して、なぜ自分たちは原子力発電所の建設に反対するのか、その立場を次のように明確にしていった（「福島民友」1971年12月「原発を考える」シリーズ）。

一、先祖代々農民の血の通った土地と生活権を守る
一、原子炉の安全性が確認されず、放射能公害の心配がある限り反対する
一、原発による地域開発の実質的なメドもなく、地域住民の利益につながらない

妨害受ける反対運動

一方、県、町、電力会社とその意向を汲むマスコミは一体となって、原発誘致活動を繰り広げた。それは裏返せば、反対地権者の切り崩し、反対運動へのいやがらせだった。ここでは、数限りない妨害活動から、浪江原発に関わる幾つかの話を紹介する。

1976年2月、大字棚塩区長の石田芳衛と原発反対同盟委員長の舛倉隆は、浪江原発4基が完成した場合の放射能量を町が説明しないことについて、連名で抗議文を出した。すると、就任まもない石井潔・浪江町長は抗議を逆手にとり、「棚塩地区の放射能がどうなるのか説明できないのは、その基礎データを取る気象観測塔を建てることに皆さんが反対しているからです」とし、気象観測塔の説明会への参加を求めた。これに対し、反対同盟は臨時総会を開き、「町長の口車に乗せられないようにすっペ」と衆議一決したため、翌3月7日に棚塩公民館で開かれた説明会は、すべての同盟員が欠席し、参加した

のは町役場職員と東北電力社員、マスコミ数社だけだった。

ところが、棚塩住民がボイコットしたことには触れないまま、「福島民報」がこの説明会を大きく取り上げ、「見直そう　原発の安全性」と題して6回シリーズの連載を始めた。タイトルからは、一度立ち止まって原発の安全性を冷静に見直そうという内容を想像するだろう。しかし逆だった。シリーズの意図は、「原発の危険性は飛行機事故の確率より低いといわれるが、備えあれば憂いなし。万一の事態を想定して二重、三重の安全策がとられている。国や県、関係町村、そして原発の建設を進めている電力会社が安全確保のためにどう取り組んでいるか。（略）安全性について見直してみることにした」ということだった。

具体的には、6億円を超す巨額を投じて完成した県原子力センターにより、たちどころに放射線量が表示されて「異常は直ちに発見」される▽県と東電、町の〈三者協定〉により、いつでも「立ち入り調査権」や「運転停止指示権」を行使できる▽東京電力に習った東北電力は「後発の利」を生かして安全対策に全力を挙げている――などだ。3月の説明会については、「設計は地震、津波、台風などの自然災害が起きても危険がないよう十分配慮する」「事故はまず考えられないが、万が一の場合に対処できる安全設備を設置する」などの説明があったと紹介している。

当日、説明会をボイコットした地権者・棚塩住民や原発に不信を抱く県民に対して、東北電力に成りかわって「原発の安全性」を宣伝する内容だった。3・11事故を経験した今となっては、「設計は地震、津波、台風などの自然災害が起きても危険がないものとする」というは、なんとも空々しい。

町役場と東北電力がからんだ反対同盟の分裂騒動も起きた。

棚塩の大字会は約120戸からなり、当初は全戸が反対同盟に参加していた。しかし、反対運動が五年目を迎える頃から、北側の高台にある地区と、南側の低地にある地区の間に溝ができはじめていた。というのは、北の高台地域は戦後入植者によって開拓された畑を50戸が耕し、南側の低地は江戸時代から米作りを続ける約70戸だった。役場は、舛倉隆委員長を先頭に強固な反対論者が多い南と北を分離すれば、北からは土地譲渡者が出てくると考えたのだろう。昔ながらの大字会には手をつけず、あくまでも「行政上の便宜的措置にすぎない」として、行政区域を高台の「北棚塩地区」と低地の「南棚塩地区」に分離した。すると、原発賛成派に変わっていた北棚塩の前田文夫町議が中心となり、1973年12月、「浪江地権者協議会（別名・原発対策協議会）」が結成された。東北電力は、この地権者協議会に加わる北棚塩地権者たちを原発立地地域の視察という名目で旅行に連れ出し、気象観測塔建設の協力に対する挨拶料名目で寄付をした。また北棚塩公民館を寄贈したり、協議会運営の補助費を出したりと金銭補助と接待攻勢を強めた。しかも、南棚塩の人たちの耳に入るように進めた。

この結果、1977年1月3日の新年定期総会で、大字棚塩会を解散する「南北分離案」が提案された。130名の出席者のうち、賛成30名は主に北棚塩の人たちで、これに反対するものは1人もいなかった。すでに溝が深まり、一緒に運動を続けられないと多くの人が感じていたのだ。南棚塩の人々は、分離を受け入れるのは辛いものの、いまさら反対とも言えず、棄権するしかなかった。30対0で大字会は解散となった。

1980年代に入ってからも、南棚塩住民の原発反対運動と、そのための学習会は粘り強く続けられた。その一方で、予定した土地買収が完了しないため、毎年のように原発設置計画を発表しては延期を余儀なくされ続けた東北電力、県開発公社、浪江町は、反対同盟の切り崩しや運動妨害をエスカレートさせていく。札束攻勢や就職斡旋攻勢で切り崩しは着実に浸透しつつあった。

東北電力は浪江原発建設のために、商店街の外れの一角に原子力準備事務所を設けていた。しかし1981年5月になると、原発建設予定敷地内の賛成派地権者から近くの土地を購入し、新たに「原子力準備事務所」の建物を建て、祝賀式も行なって本格的に地権者の買収に乗り出した。

反対同盟は「県、町、電力と話し合わない」ことを基本方針としてきたが、勧誘が露骨になってきたことに抗議するため、舛倉委員長をはじめとする反対同盟委員が東北電力の事務所に押しかけざるをえないことも起きてきた。ところが1982年のある日、事務所長が断固とした態度で、「地権者以外の人は、中に入ってもらっては困る」と言って、反原発運動に取り組む原発県連メンバーらを閉め出した。そのため、棚塩の地権者である農民だけとなってしまい、結局、強い抗議にならなかった。

流れ止めた一坪地主

ところが逆に、このことがとんでもない事態を生み出すことになる。東北電力も浪江町も、およそ原発推進勢力の誰も想像すらしなかったに違いない。舛倉委員長が、予定地内に持っていた自分の所有地の一部644平方メートルについて、大和田秀文（原発県連現地事務局・中学教師）や酒井祐記（請戸漁協監査役）たちに無償で提供するから「先生も（舛倉は大和田のことをそう呼んでいた）地主になれ」と提案したのだ。大和田たちはよくよく検討し、この申し出をありがたく受けいれ、自分たちと親交のある友人、知人にも呼びかけて共有地として登録することにした。

その際、大和田たちは舛倉と5項目ほどの紳士協定を取り交わした。たとえば①舛倉が最後の1人になった時には返却する②東北電力が原発の建設を諦めた時にも返却する③舛倉家がどうしても売却する必要が生じた時にはいつでも返却する——などだ。土地が欲しいのではなく、あくまで原発建設を阻止するための手段だから、こうした約束は当然のことだった。この時、大和田、酒井とともに共有地主になったのは、小野田三蔵（第二原発設置許可取消訴訟原告団長・高校教師）、早川篤雄（同訴訟事務局長・高校教師）、岩本忠夫（双葉地方原発反対同盟委員長・元社会党県議）、大学一（弁護士）ら13人。当時、彼の地にあっては誰もが知る反原発運動の闘志たちである。１９８２年9月2日、13人による共有地登録手続が完了した。「一坪地主運動」の始まりである。登記簿を確認してこの事実を知った推進勢力の驚愕ぶりは尋常ではなかった。13人の顔ぶれを見れば翻意を促すことなど、誰が考えてもありえなかった。結果、浪江原発の建設は事実上不可能となり、東北電力の建設意欲は急速に減退していった。翌々年の人事異動で、準備事務所のスタッフを40数人から一挙に半減させ、所長の肩書きがどんどん軽くなっていったことなどが、そのことを如実に物語っていた。

こうした舛倉たちの反対運動の締めくくりが「共有地持ち分登記訴訟」だった。

東北電力が浪江原発の建設を予定していた北棚塩の高台に、住民81人の共有地があった。原発の心臓部に位置する三枚岩付近の土地を中心に、あちこちに散らばっていたものをあわせれば約5万2千平方メートルに及び、この共有地は「全員の同意がなければ売却しない」という申し合わせになっていた。ただし、登記の関係で81人全員の名義ではなく、任意で選ばれた代表5人の名前で登記されていた。

しかし、1980年代終わりには、それまでの買収攻勢によって反対同盟員はわずか16人にまで減り、5人の代表名義人もすべて賛成派となっていた。それでも、これまで一度も共有地売買の話が話題にならず、「全員の同意がなければ売却しない」との申し合わせがあることに舛倉は安心していたのだが、あっちでポツリ、こっちでポツリと売却に応じる人たちが出てきたため不安を覚え、登記簿を取ってみた。すると、仮登記ながら共有地はすでに東北電力の名義になっていた。5人の代表名義人が東北電力の働きかけに同意して、秘かに売却していたのである。

共有地が手つかずであることが反対運動の拠り所の一つ、と考えていた舛倉が受けた衝撃は大きく、その気落ちぶりは傍目にもはっきりと分かるほどだった。しかし舛倉は、1989年12月、大学一弁護士の力を借りて、「売却の無効」と「共有地の81分の1の持ち分所有権移転登記」を求め、富岡簡易裁判所に提訴した。1年余りの審理の末、91年3月、福島地裁いわき支部の勧告で和解が成立した。法的には、代表名義人5人による共有地売却は有効ではあるが、これまでの経緯を考慮して、「共有者81人全員の同意がなければ最終売却はしない」との申し合わせを再度確認し、その確認書を舛倉に渡すという内容だった。完全勝利とまではいかなかったが、実質勝利と言ってよかった。こうして、東北電力による浪江・小高原子力発電所構想は、事実上、無期延期へと追い込まれたのである。

この項を閉じるにあたって、その後の様子を少しだけ付け加えておこう。反対同盟委員長・舛倉隆が亡くなったのは、1997年2月のことだ。85歳だった。大和田秀文の記憶では、その1年ほど前に舛倉から相談を受けた。古くなった家の建て替えなどいくつかの事情から、所有する土地を手放したい、ついては大和田たち13人に無償で譲渡していた土地を戻してくれまいか、とのことだった。大和田には、舛倉家の家族が置かれている事情がよく分かっていたし、必要な時はいつでも返すという約束だったから、他の仲間にも声をかけて共有地登録をしていた土地を戻した。当たり前のことだが、東北電力が舛倉に出していた条件は、共有地登録の土地も一緒でなければ舛倉の所有地は買いとらない、ということだった。しばらくして、舛倉がハンを押したという情報が瞬く間に地域住民の間に広まった。文字通り、原発反対運動の象徴的存在だったため、誰もが「これで、すべての反対運動は終わった」と思ったようだ。現にその後、何人かの地権者が売却に応じた。従って、この時点でもし東北電力が一気呵成に土地の買収を推し進めていれば、浪江原発の用地取得は完結していたことだろう。

ところが、東北電力の方でピタリと足を止めたのである。福島県の浪江町での計画の遅延が繰り返されるうちに、東北電力は宮城県に女川原発を建設したばかりでなく、青森県の東通村に東京電力とともに各2基ずつの原発建設を進めていた。それでも足りない時は浪江、という順になったのだが、電力需要には十分応えられるようになり、浪江原発の建設を急ぐ必要がなくなった。また、東北電力は浪江町に対して、原発建設予定地の買収をすべて終えた段階で、海岸沿いに60億円のレジャーセンターを建てて寄付する約束をしていた。断念すればこの費用も払わずに済む。こうした事情も手伝って、残りわずか3人の地権者を残すのみという段階まで来て、浪江原発は中断状態になったのである。

そして、2011年3月11日を迎えた。当初の「1977年着工」という予定以後、毎年のように繰り返された先送りは35回を数えたところで、浪江町議会、東北電力の双方によって計画の白紙撤回が決議された。

舛倉とともに浪江原発に反対し続けた大和田秀文は、3・11原発事故によって故郷・浪江町の自宅を追われた。そして、中学教師としての初任地・会津の喜多方へ避難し、かつての教え子たちに暖かく迎えられた。しかし、雪深い地になじむことが難しかった連れあいを思い、いわき市へと再避難を決断した。大和田は言う。

「今の浪江の人たちにすれば、反対運動はとっくの昔、親たちの世代のことだ。反対の学習会に出ていた親たちであれば、誰でも俺のことを知っていたし、俺も親たちの顔は覚えている。しかし、今の子ども世代の人たちは反対運動の場にいなかったし、顔も知らない。自分たちの時にはすでに電力に土地を売った後で、電力と共存し、役場や農協に世話になって今の生活がある、と彼らは言うだろう。だから、最後まで電力に土地を売らなかった人や俺たちのような者は、〈変わり者〉ってことになるのだろう。それにしても、俺は思う。もしも、舛倉さんたちの浪江原発誘致絶対反対期成同盟会の運動がなかったら、今頃どうなっていたか。何しろ棚塩の高台は、地形的には第一原発の敷地とそっくり同じだからね。ともかく、浪江原発ができなかったことがどれほど幸いなことだったか」

4　福島第二原発の楢葉町——出遅れた反対の動き

楢葉町で原発・火発建設反対の住民運動を立ち上げた早川篤雄は、「目覚めるのが遅すぎた」と自省しながら、次のように書いている。

「昭和41年12月に福島原発1号機の建設が始められたこと、42年5月に浪江・小高の両町に東北電力の原発誘致問題が起こったこと、43年にはわが町にも原発が誘致されるらしいこと、そして浪江町の地権者や富岡町の毛萱地権者が猛烈な反対運動を繰り広げていたこと等々、私はそれぞれその時点からよく知っていました。しかし、それらについて何の疑問も持ちませんでした。電力開発は公共事業なんだから、これはやらねばならんだろうし、又これからのこの地域のためにもある程度の犠牲は仕方がないだろうぐらいに、正直のところ、そんなふうに考えていました。そして46年4月に、広野町に火発が誘致されるらしいと知ったときに、これは大変なことになる、下手したら住めなくなると、初めて自分のこととして驚きました。それで、2、3人の知人あるいは隣近所の人達と困ったことになったと、話し合ったりしているうちに、みんなも自分と同じくらいな考えと心配をしていることが分かった時、重大な誤解をしていることに気づきました。誤解ではなく気が付かなかったのである。火発で驚いてはじめて気がついたのです。ところがそれでもまだ、〈これからの世の中〉と〈誰かがやってくれるだろう〉に賭けていました。〈あれは、アカだ〉の殺し文句がいまだ生きている地域でもあるからです」

（『東北地方の「地域開発」政策と公害』日本科学者会議福島支部など、1973年）

ここから読み取れることがいくつかある。まず一つは、のちに「東京電力福島第二原子力発電所設置許可処分取消訴訟」の事務局長として、反原発住民運動の中心となった早川であっても、自分の足下に火が付かないうちは、何事も他人事として問題を見過ごしてしまいがちだったということ。二つには、一般住民にとって恐ろしいのは、当時は原発よりも火力発電所だったことである。無理もない。原子力発電所とはどのようなもので何が問題なのかなど、見たことも聞いたこともない話だった。それに比べれば、火力発電所の問題はすでに、「新産業都市」に指定された磐城地区の大気汚染などでいやと言うほど味わい知っていたからだ。三つ目は、「あれはアカだ」の殺し文句が生きていた当時の東北の農村地帯にあって、国と東電と県が一体となり、市町村行政機構の末端まで抱き込んで進めていた原発政策に反対し、住民運動を展開していくことがどれだけ難しいことだったかである。まして、冬場には出稼ぎで生計を立てなければならない人達が大勢いた双葉地区にあって、建設現場労働者としての働きの場を提供してくれる原発誘致に反対することは困難なことで、自分ではなく誰かほかの人がやってくれないか願うのも無理からぬことだった、ということだ。

そのような楢葉町でも、ようやく住民運動が起こる。「公害から楢葉町を守る町民の会」結成の直接の契機は、1971（昭和46）年12月の「町長を囲む懇談会」の場だった。この会合は、翌年9月の町長選挙に向けて開催された。猪狩秀玄町長が町政全般を説明した後、質問の時間となった。多くの質問が出る中で、3人から、建設が本決まりになった東京電力広野火力発電所や第二原子力発電所に不安を覚える訴えが上がった。しかし、猪狩町長の説明は、すべては国や県・東京電力にお任せといった具合で、実に頼りにならない。町民を納得させるどころか、かえって疑いや不安を深くさせるものだった。質問者の1人、松本巻雄（いわき中央高校教員）が住民運動を呼びかけた。これに賛同した早川篤雄（平工業高校教員）や門馬洋（小高工業高校教員）、門馬昌子（内郷高校教員）ら10名ほどが1月15日に準備会を立ち上げた。

1972年2月11日、楢葉町民130人の参加を得て、「公害から楢葉町を守る町民の会」結成総会を実現させた。あの時から40年以上経った今でも、その日時だけはよく覚えていると早川は言う。県職員や東電職員であれば、自分たちの正規の仕事として、日中であれ夜間であれ原発建設に係わることができる。しかし、地元住民の反対運動はそうはいかない。それぞれの生業をもっているため、活動はおのずと仕事が終わった後の夜の時間帯か、日曜・祝日に限られる。開催日の2月11日は「建国記念の日」だったので、「めでたい日にぶち当てて住民運動を起こすのも、おめでたいでないか」などと冗談も言いながら、誰もが「問題点を徹底的に明らかにしよう」、「納得できるまで全力で頑張ろう」と意気込んでいたことを、鮮明な記憶として刻んでいるのだと言う。

『楢葉町史』第3巻（1985年3月発行）によれば、結成総会で次のように決議した。

本日我々はここに多数の町民が相集い、「公害から楢葉町を守る町民の会」を結成した。協議の結果、美しい自然の山河と町民の平和な暮らしと我々と、我々の子孫の生命を守るため当面次の事項を行うことを決議した。

一、町民各位への啓蒙、宣伝活動
一、公害の科学的調査、研究会、資料の蒐集
一、楢葉町の自然保護
一、各種公害の予防、防止対策と補償要求運動
一、機関紙の発行
一、全国各地の公害反対組織運動との連携
一、その他公害から楢葉町を守る仕事に関すること

関係者各位におかれましては、私たちの真意を汲み取られまして、速やかに善処下されますよう心から期待いたします。

決議文を読んで気づくのは、この会の出発は反公害闘争が第一義的であったことだ。東京電力広野火力発電所や第二原子力発電所が建設されれば、全国各地で当時、問題を引き起こしていた公害がこの地でも起こり、美しい自然が破壊されることへの懸念が大きかった。さらに、運動が啓蒙的で、「公害の科学的調査、研究会、資料の蒐集」といった調査・研究意識が強かった。これは、会の準備にあたった主要メンバーがいわき市の高校公害研究会に加盟していたメンバーだったことと無関係ではなかった。

この「守る会」には当初、実に様々な立場、町のあらゆる層の人々が参加していた。政党で言えば、社会党員、共産党員もいれば、自民党員もいた。後に町長になる人もいた。商店街を回ると、主な店は

喜んでカンパに応じてくれた。町民が自らの意思で動きまわるなど、この町では初めてのことだった。草野孝（3・11事故当時まで楢葉町長）や坂本早苗（元町議会議長）も会のためにカンパを寄せてくれた。

連帯した教職員たち

1972年4月23日、会の活動の第一歩として「公害を知る講演会」を開いた。会は町当局と共催しようと考え、楢葉町長、町議会議長に「公害を知る講演会の開催を求める請願書」を提出した。もちろん、町長や町議会が原発誘致に大賛成で、知事に企業誘致（という名の原発誘致）を陳情していたことは百も承知の上である。それでも、原発・火発に多くの町民が不安を覚えているのは確かなのだから、この際みんなで勉強してはどうでしょうか、と持ちかけたのである。何を目論んでいるのか不信に思ったのだろう。議会は町長送りとした。猪狩秀玄町長はしばらくして「講師がこの2人ではだめだ」といって共催を拒否してきた。その講師とは、1人は火発関連で、当時、亜硫酸ガス研究の第一人者の天谷和夫氏（通産省工業技術院・東京工業試験場主任研究員、理学博士）、もう1人は原発関連で福田雅明氏（日本原子力研究所環境放射線放射能課）だった。町長が2人の研究業績等を知っていたとはとうてい思えない。間違いなく、それなりの筋からの「助言」があったのだろう。

さて当日の講演だが、2人は専門分野を全く異にしていたが、驚いたことに結論が極めて似ていた。その結論とは、「現代の科学技術によれば、公害の心配ない火発・原発は可能であるが、現状のまま建設されていったら、公害は必ず起こる」だった。早川たちは「なぜ心配のない原発が可能なのか」と疑問に思ったが、福田講師の考えでは「原子力基本法が制定され、そこに〈自主・民主・公開〉の三原則がうたわれている。この原則に基づいて、アメリカなどから出来合いの原発を購入するのではなく、基礎研究の最初の段階から日本の企業で行われるのであれば、心配のない原発ができる可能性はある。しかし現実は、地域社会に背を向け、企業寄りでありすぎる行政、技術的には可能であってもお金がかかりすぎるという企業、これでは公害は必ず起こる」というのだ。では、どうすれば公害は防げるのか。2人の専門家の答えは明快で、しかも全く一致していた。「公害を防ぐには住民運動以外に方法はない」だった。「そうか、公害から町を守るには住民運動をやるしかないのか、だったらそれをやり続けるしかない」。これが早川たちの思いだった。そして、その思いこそが17年9か月に及ぶ裁判闘争、さらには今日も続けている住民運動の原点となった。

講演会が終わると早速、2人の講演要旨をガリ版で刷り、「公害から楢葉町を守る町民の会だより」として町内全戸に配布した。これを読んだ町当局や県、東京電力など原発推進者たちの驚きとショックは並大抵のものではなかったらしい。「とんでもない組織が出来上がった」、「一刻も猶予ならない」と、猛然と運動の取りつぶしにかかってきた。守る会の顔である会長が、「体調の都合で運動を続けるのは無理になった。引き受けたばかりなのに申し訳ないが辞めさせてほしい」と申し出たのをはじめ、次々に会員が去っていった。「辞めたい」という人を引き留めておく手立てはない。会の発足からわずか1か月のうちに、メンバーはわずか十数人にまで減ってしまった。歩き出したばかりなのに、いきなり煮え湯を飲まされた思いだった。

さらに楢葉町は、住民講演会からひと月も経たない5月13日、「守る会」に対抗する形で町主催の「原子力発電及び火力発電所公害問題に関する講演会」を開催した。講師陣は、火発については猿田勝美氏（横浜市公害対策部次長）、原発については宮永一郎氏（日本原子力研究所研究員）と、またもその分野で活躍し続ける研究者達だった。結論はもちろん、「油断は禁物であるが、十分な予防対策が立てられているので問題はない」というもので、これも「守る会」には痛手だった。

それでも何とか「守る会」は持ちこたえ、次の一歩を踏み出すことができた。というのは、近隣の先発住民運動グループ、とりわけ「いわきから公害をなくす会」（高校公害研究会の後身）が「公害から楢葉町を守る町民の会」の苦境を聞き、連帯の手を差しのべたのだ。

6月27日、「浜通り原発・火発反対連絡協議会」が8団体によって結成された。具体的には、広野町公害反対同盟、浪江町原発反対同盟、勿来(なこそ)地区環境を良くしよう会、いわきから公害をなくす会、福島県教組（小・中学校の教職員組合）、福島県立高教組、日本科学者会議福島支部、それに「公害から楢葉町を守る町民の会」の八つである。教職員組合はもちろん、いずれの住民運動も中心的な担い手は教職員だった。同協議会は結成総会で「東北電力の浪江原発、東京電力の富岡・楢葉の第二原発、東京電力広野火発建設の即時中止」を決議するとともに、県庁に出向いて、木村知事や赤井茂雄県生活環境部長に申し入れを繰り返した。その際、申し入れの場を設定してくれたのが、のちに双葉町長となり原発推進論者に転向した岩本忠夫県議（社会党）だった。また「公害から楢葉町を守る町民の会」は、東京電力と楢葉町に積極的に働きかけ、三者による「公害を語る会」の設置を実現させた。「守る会」からは、いわき市の高校公害研究会などで活躍していた近沢宏志（いわき中央高校教員）や小沢恒雄（小名浜高校教員）が守る会の「顧問」となり、三者会議の場で反対の論陣を張った。

5 福島県議会からの声

住民の反対運動が次第に大きくなる中、県議会での原発をめぐる議論にも変化が現れ始めた。佐藤善一郎知事時代以来、「県議会定例会会議録」を読むかぎり、原発の誘致に疑問を呈したり反対したりする意見は見られなかった。もっと積極的に電力会社に働きかけることを求めるものや、双葉郡の飛躍的発展に期待するといった意見ばかりだったが、1968（昭和43）年1月の木村知事の「双葉地区原子力センター構想」発表を機に、富岡町毛萱地区や浪江町棚塩地区で地権者住民による反対運動が起こると、県議会の間でも原発誘致を手放しで歓迎するだけでいいのか、といった空気が出てきたのである。

その第1号が1968年2月、定例議会での鈴木正一議員（自民党）の質問ではないだろうか。彼は、木村知事が表明した明治百年にあたる「本年度の重点施策・五本の柱」で打ち出した「南東北工業地帯構想」に賛意を示しつつ、次のような思いを控え目にはさんだ。

「電力供給基地の中核となる原子力発電所の建設につきましては、その安全性について一部に危惧の念があるようでありますが、これらの不安を解消するためにもこの本会議場において確信のほどを明確にされることを望むものであります。なお原子力発電所につきましては、これに関連する企業が少ないのではないかと聞いているのでありますが、この発電所が真に本県の開発に役立つものであるかどうか。この点についてもあわせて明確にされたいと思うのであります」

（「福島県議会定例会会議録」1968年2月）

長い質問の中でこれだけの短いもので、およそ糾弾とか批判にはほど遠く、原発に対する自らの見解を述べたものでもなかった。ただ、「地元の反対住民の中には、こんなことを言っている者もいるようだが、知事、そうではないでしょう。そのことをあなたの口からはっきりと言ってほしい」といった要望に近く、自らの迷いも打ち消したかったのかもしれない。しかし、この程度の質問すら、それまでなかったのである。それでも、鈴木が尋ねた「原発は本当に安全なのですか」と「原発は本当に地域の発展に役立つのですか」の2点は、まさに原発問題の核心中の核心の問いだった。

知事は、自らが調査を依頼した国土計画協会の報告書『双葉原子力地区の開発ビジョン』が手元に届く前だったせいか、質問者と同様、極めて軽い口調でこう答弁していた。

「原子力発電所の問題でございますが（略）、これはご承知のようにいわゆる公害基準というものが、保安基準というものがございまして、これによって非常に厳重な監督のもとに工場が建てられるのでございます。アメリカあるいはイギリス等におきましては、これは市街地にこの原子力発電所ができておる状態でございまして、何らの公害がないというのが実際の問題でございますので、御心配はないものと考えております」「一体どういうような産業の開発に役立つのかという問題でございますが、何といってもこれは地方の開発発展は、いわゆるエネルギーを持ち、それに水資源があり、それに工場立地、工場の敷地がある、それに労働力が伴うというようなことによって決定されるのでございますが、幸いにも本県におきましては、これらすべてのものに恵まれておるというような状態から、これにともないまして関連産業の誘致発展も考えられるものと期待いたしております」

（同、１９６８年2月）

県議会ではその後も、知事の「双葉地区原子力センター構想」に関連した幾つかの質問が続いたが、基本的には「知事の決意のほどを伺いたい」といったたぐいのものだった。

そうした中で迎えた１９６８年9月定例会の30日、社会党の代表質問者として登壇した相沢金之丞議員（相馬郡鹿島）が、県議会史上初めて、正面から原発誘致を批判する質問を行った。

「原子炉は安全だともいわれております。また一方危険だともいわれております。事故が発生した場合決定的な被害をこうむることを予想するとき、住民の健康と安全を守ることが政治の本来の任務であるときに、この原子力発電所設立は単なる工場や企業の誘致と同一視し、経済的観念からのみこれをとらえるということはあまりにも近視眼的な見方であります。問題の原子炉とは膨大なエネルギー源であり、臨界量以上の核分裂性物質と大量の死の灰が共存するものであります。他に類を見ないきわめて潜在的な危険性の大きい装置であります」

（同、１９６８年9月）

相沢議員はさらに、こう質した。

「原子炉等規制法では、原発に対する知事の権限が何も認められていない。一般企業の危険防止、公害防止に対して種々の権限があるのに、原発に対して何もないのはおかしい。そこで、原子炉等規制法に知事の権限を織り込み、自治体に発言権を持たせるよう、政府に働きかける意思があるか」「原子力発電所から公害が発生した場合、県の公害防止条例が適用されるのか」「原子力災害が巨大な天災地変、社会的動乱によって生じた時、原子力事業者は損害賠償をしなくともよいという規定があるが、この災害の補償はどこで行われるのか」（同）

これに対し、木村知事は次のような趣旨の答弁をしている。

「原子力発電所をつくる場合、政府がいろいろの法規に基づいて吟味し、地元了解のもとに許可をしている。現在の原子炉規制法等には、知事が関与するすきがない状態になっているが、今後いろいろな問題が起こるおそれも考慮して、また県産業として発展させていくためにも、関係知事と相談のうえ、原子炉規制法等を改正して知事の意見がくみ入れられるようにしたい」「原子力発電所が公害を起こした場合、県の公害防止条例よりも国の規制法の方が一歩先んじたものになっているため、県の条例は適用されない状態になっている」「原子力発電所は、最大の自然災害に対しては絶対的な安全の度を確保して、しかる後に建設が許可されている。特異な社会的混乱に対しては、災害補償法第17条において、国が対処することになっている」（同）

相沢議員は、知事のものの見方、考え方は近視眼的だと批判したのだが、知事の答弁には、原発の持つ潜在的な危険性、その危険性から県民を守る政治家としての責任に関する所見は見当たらない。後に「木村王国の王様」と呼ばれるほど権勢を振るった知事はこの時、どんな表情でこれを聞き、答弁に立ったのだろう。議事録からは何も伝わってはこない。

それでも答弁をよく読み直してみると、この後もよく見られる木村知事の原発に対する基本的な姿勢を伺い知ることができる。「原発は、政府がいろいろの法規に基づいて吟味して許可を出している」から安全なのだ、「県の公害条例よりも、国の規制の方が厳しい」から任せておけばよいのだ、「原発は、最大の自然災害にも絶対安全だから許可されているのだ、「原発は地元の了解を取って進められている」のに部外者が何を言うのか——。これらの答弁から分かることは、地方自治体の長として国の施策をチェックし、県民の暮らしと安全・安心を守ろうとする姿勢には程遠かった、ということである。

反対派リーダー、議員になる

こうした折、県内の原発推進勢力に取っては極めてやっかいなことが起こる。一つはアメリカ原子力委員会が発表した非常用炉心冷却装置の欠陥問題であり、もう一つが双葉地方の反原発運動のリーダー・岩本忠夫が県議（社会党）に当選し、議会に登場したことだった。

アメリカ原子力委員会は1971年5月25日、アイダホ国立研究所で行った実験の結果、軽水型発電炉の非常用炉心冷却装置（ＥＣＣＳ）がうまく作動しない欠陥がある、と発表した。そこで操業中の原子炉の出力を下げて調査を命じたところ、イリノイのドレスデン1号炉（沸騰水型）、マサチューセッツのヤンキーローエ炉（加圧水型）、ニューヨークのインディアンポイント炉（加圧水型）、ミシガンのビッグ・ロック・ポイント炉（沸騰水型）、それにカリフォルニアのサンオノフレ炉（加圧水型）のあわせて五つの原子炉にそれぞれ欠陥が見つかり、改善命令が出される事態になった。

早速、開催中の6月定例県議会でも、この問題を2人の議員が取り上げた。そのうち1人が、直前に第一原発のお膝元・双葉町を地盤に県議となったばかりの岩本だった。以後1期4年、住民目線から徹底して原発問題を追求し続けることになる。

「原子力開発については、世界の先端を行く高度な技術を有する米国においての原子炉欠陥問題は、対岸の火災視するわけにはまいりません。（略）さらに、敦賀発電所における一次冷却水に放射性同位元素ヨード１３１が検出された経過と、さらに東海原子力研究所の試験炉の溶接部にひび割れが入ったことなど、その内容を明らかにされたい」（同、１９７１年6月）

続く12月定例会でも、岩本は「現在、双葉地方は原発問題を避けて他を語ることができない状態」だとして、原子炉の安全性の問題、稼働後1年を経過した東電1号炉の使用済み核燃料の処理問題、下請作業員の被曝問題など、第一原発1号炉をめぐる諸問題を取り上げた。さらに、東北電力が予定していた浪江原発について、「棚塩を中心に誘致絶対反対の運動が展開されている。（略）政治不信、企業不信が強く、浪江町議会の誘致決議の白紙撤回を５８２４名の反対署名をもって請願中であり、さらに、過般知事は浪江におもむいた際、地元民が反対であれば誘致はしないと言明したと聞くが、地元の現状を踏まえ、知事の所信を伺いたい」と質した。これに対し、木村知事は次のように答えた。

「浪江地区においてわたしが陳情を受けたことについてであるが、浪江地区の原子力発電所の誘致は町議会で決議をし、県に協力を要請してきている。したがって、少数の方々が直接陳情されてもどうにもならない問題であり、議会の議決を尊重しなければならないところから、町議会、町当局に対して陳情すべき性質ものであると考えて、かように話した次第である」（同、1971年12月）

ここにも、木村知事の原発に対する姿勢がよく示されている。地元民の声とは町長・町議会の声であり、「町議会が協力を要請してきたから、その声に応えた」ということを繰り返したのである。

いずれにしろ、住民の反対運動とともに、県議会でも相沢県議と岩本県議の2人による原発行政に対する質問と批判が定例会の度に展開されるようになった。1960年代半ばまでに比べると大きな変化だった。とりわけ双葉町選出の岩本は、地元双葉郡の実態、いわき市も含めた住民による原発反対運動を体現して質問しただけに迫力があった。それに比べて、すべて国、原子力委員会任せの知事の勉強不足、地方行政の長としての責任感の希薄さが少しずつ明らかになっていく。

このため、原発推進勢力にとっては、岩本忠夫県議の存在はやっかいなものと感じられるようになり、次期県議選での当選を阻止するために、様々な手立てが弄（ろう）された。その結果、1975年の選挙で2期目をめざしたが落選し、以後も二度にわたり落選した。岩本はその後、社会党を離党して1985年、双葉町長選に当選し、2005年までの5期20年にわたって町長を務めた。その基本姿勢は、県議時代とは逆の「町の発展には原発との共生が必要」に変わり、原発推進政策のトップを走り続けたことだけは記しておく。

第4章 似て非なる「公聴会」

撤去された原子力広報塔の傍らに抗議のパネルがあった

1　開催までの道のり

話を福島第二原発の誘致に反対する「公害から楢葉町を守る町民の会」の活動に戻そう。1972（昭和47）年、町内の各層130人で「守る会」を結成し、独自の講演会を開いたものの、推進者側からの切り崩しにあって、あっという間にメンバーは準備会の十数人になってしまったことは先に述べた。町の人たちの多くが、火力発電所や原子力発電所に不安や疑問をもっていることは確かだったが、わずか十数人で何ができるのか。「公害を防ぐには住民運動しかない」と先の講演会で教えられた以上、何かをしなければならない。早川篤雄や門馬洋・昌子らは顔を合わせる度に、「次、何をやる？」「何かできることは？」と話し合った。

しばらくして、準備会の誰かが耳寄りな話を仕入れてきた。それは、アメリカ原子力委員会が前年、軽水型発電炉の非常用冷却装置（ECCS）に欠陥があると発表したことと関係があった。各原子炉を調査した結果、サンオノフレ原子力発電所やドレスデン発電所1号炉など五つの原子炉の冷却装置に改善命令が出された。これを機に、アメリカ各地で公聴会やヒヤリングが開かれ、地域住民が「これは危険だ」と判断すると、納得できるまで質問する権利があり、質問については公開の場で議論することになっている、というのだ。福島でも公聴会を開かせ、専門家を立ててあらゆる角度から検討し、原発の問題は何なのか、徹底的に究明する場をつくることができるのではないか。メンバーは飛びついた。

早速、「浜通り原発・火発反対連絡協議会」で知り合った日本科学者会議福島支部（主に福島大学の教官ら）に相談すると、「それはいい、ぜひやってみてください」ということになった。早川や門馬、松本たちは、学校が夏休みに入って比較的時間に余裕ができるようになった7月末から、地域を一軒一軒回って公聴会開催を求める署名運動を始めた。アメリカの公聴会などの話をしながら、「これは、原発建設に賛成とか反対とかいう署名ではない。建設されてしまってからでは手遅れで、何を言っても聞いてはもらえない。ですから、建設前にじっくり町民の疑問や不安に答えてくれる場を設けてほしい。そういう署名です」と説明すると、多くは快く応じてくれた。仕事が終わってから、また日曜日や冬休みの合間を縫って集めた。

中でも大きな力を発揮してくれたのが全日自労の人たちだった。双葉地方の各町村と同様、楢葉町からも多くの人たちが出稼ぎに出ていた。しかし、様々な事情から出稼ぎに行くこともできない人々もいる。その人たちのために行われていたのが失業対策事業であり、その組合が全日自労だった。町内のどの地区にもいた組合員は、各地区の誰にでも声をかけ、署名を集めてくれた。そのおかげもあり、署名は翌1973年2月末までに、町の有権者5500人の約40％に当たる2200余名を数えた。2月27日、集めた署名を楢葉町と福島県に提出する一方、4月3日には「守る会」副会長の佐藤定吉が署名簿を持参して霞が関に向かった。町民の会は、公害問題だから請願先は環境庁だろうと考えていたが、出向いてみると、「これは通産省の管轄」と言われ、通産省に行くと今度は「これは科学技術庁の原子力委員会の管轄」と言われて右往左往したが、ともかく無事に提出した。

利用された請願署名

それから2か月ほどたった5月22日、原子力委員会名で「原子炉の設置に係る公聴会開催要領」が発表された。公聴会開催請願署名を受けるかたちで、日本で初めて原子力発電所建設の是非を正面からとりあげる公聴会が開かれることになったのだ。「守る会」のメンバーにとって、公聴会の開催が現実となったことも驚きだったが、それ以上に驚いたのは、発表された「開催要領」の中身だった。自分たちが考えていた公聴会とはおよそ「似て非なるもの」になっていた。もし公聴会が「開催要領」のまま実施されれば、問題点を明らかにするどころか、問題が隠蔽（いんぺい）され、住民の要望を聞いて公聴会を開催しましたというアリバイ作りになるだけ、といった代物だった。

1970年代に入ると、放射能、温排水などの環境問題に対する不安や、原子炉そのものの安全性に対する不安などから、建設予定地の住民による反対運動が、福島だけではなく佐賀、福井、静岡など各地で起こり、原発建設は滞っていた。公聴会開催は、このような状況を打開するために原子力委員会内部で検討されてきた結果であり、推進者側の狡知の産物だった。要するに、「守る会」などの住民運動をまさに逆手に取った「やらせ公聴会」が目論まれたのだ。

「福島民報」などの当時の報道によると、木村知事は公聴会開催にもともと消極的だった。当初、科学技術庁が公聴会開催を決めるにあたって知事に打診すると、木村知事は「町長・町議会など地域の陳情を受けて自分は動いている。今さら住民の意見を聞く公聴会など必要がない」という意向を伝えた。

これに対し、科学技術庁は公聴会の内容を説明したうえで、「住民の懸念を解消し、国民の正しい理解と協力を得ることが公聴会開催の目的」と説得すると、木村知事は「反対運動の矛先をかわすには、むしろ公聴会を開いた方が得策」と考えるようになったといわれている。その後、木村知事は「原発建設には今後ともさらに県民の理解と協力が必要」という、科学技術庁の文言どおりの言い回しを使い、公聴会開催に賛成を表明するようになる。そして公聴会が近づくと、「原子力発電所こそ現状では（電力需要を）満たしてくれる唯一のエネルギーだ。そのためには原発に対する不安をまず解消しなくてはならない。公聴会もその一環である。不安だという先入観をすてて、この際、正しい知識を持ってもらいたい」（「福島民友」1973年9月11日）と呼びかけるようになった。

これは後のことだが、「公害から楢葉町を守る町民の会」など原発・火発反対福島県連絡会のメンバーが県庁に出向いたところ、木村知事は「公聴会はその必要性を認めて、われわれがこれを許可したのだ」と言い放った。日本初の原発建設を巡る公聴会とは、知事からすればまさに「自分が許可した公聴会」であり、知事を説得した科学技術庁からすれば、「国民の正しい理解」とは「原発建設に賛成し協力すること」を表す行政用語に過ぎなかったことになる。

「開催要領」がどのようなものだったのか見てみよう。

原子力委員会は、「原子力の利用に関する国民の理解と協力の重要性にかんがみ」として、原子炉の設置に係る公聴会開催要領を次のように定めた。

〈意見要旨の届け出〉 地元利害関係者として公聴会で意見陳述を希望する者は、委員会に対し、陳述意見要旨をあらかじめ届けなければならない。
〈**意見陳述者の指定**〉委員会は、意見陳述希望者のうちから公聴会出席者を指定し、事前に通知する。意見陳述者の陳述内容が同一のものとみなされる場合には、代表として意見を陳述する1名を決定する。委員会は、事案に対して異なる陳述意見の内容を有する者があるときは、陳述意見の内容が一方にかたよらないように指定しなければならない。
〈**意見陳述時間の厳守**〉意見陳述者は、あらかじめ委員会が定める時間内においてその意見を陳述しなければならない。公聴会に参加する者（傍聴人も含む）は、公聴会の秩序を守り、公聴会主催者の指示に従わなければならない。

このような「開催要領」が発表された3日後、「朝日新聞」は社説「原子炉の公聴会を形だけのものにするな」を掲載した。これまで地域住民が疑問や懸念の解明を求める場が全くなかったのに比べれば、「ともかく公聴会が制度化されたのは、一歩前進であり、評価してよかろう」と言った後で、次のような懸念・問題点を明確に指摘した。

〈陳述意見の要旨を事前に提出させ、陳述者を指定するとか、陳述時間を限るなど、多くの制限条件を設けている。つまり公聴会を開いたという実績だけをかせいで反対運動を緩和させ、原子炉設置を容易にすることに主目的があるのではないかと勘繰りたくなるような内容なのである。（略）原子力委員長の談話でも、住民の懸念を解消し、国民の正しい理解と協力を得ることが公聴会開催の目的であるとしている。住民の意見や要望を率直に受け止め、それらを計画に取り入れる体制を

とろうという姿勢にはなっていないように思えてならない〉

一連の経過を見ると、住民の意見や要望に応える姿勢は微塵もなかったと断言できるのだが、ともかく「朝日新聞」の指摘は正鵠（せいこく）を射ていた。

一方、これまで公聴会開催の請願署名運動を展開してきた早川たち「守る会」は、「とんでもない公聴会だ」、「意見陳述者が地元利害関係者だけに絞られたら、専門の科学者は全員排除されてしまう」、「原子力委員会が陳述人を指定したら彼らの思うつぼ」と怒りと不安を募らせたが、有効な手立ては思い浮かばず、苦慮していた。事態は急を要し、抗議の署名を集める時間はない。といって黙っているわけにもいかず、第二原発建設予定地の住民組織の代表者が連名で、富岡・楢葉両町議会議長、福島県議会議長、福島県知事あてに請願書を出し、住民の意向を反映するよう原子力委員会に働きかけてもらうことにした。とりあえず6月21日、「公害から楢葉町を守る町民の会」の副会長佐藤定吉と、「公害から富岡を守る町民の会」の会長小野田三蔵の連名で請願書を提出した。

請願書は、「開催要項による公聴会は、住民が持ち望んだ公聴会ではないのでこれを撤回し、住民誰もが納得する公聴会の実現に努力されたい旨の意見書を原子力委員会及び国に提出されることを請願する」とし、①住民の要望によって開催されるものでない②住民が選ぶ住民の代表者、科学者による十分な意見陳述が保証されない③日時の制限が厳しすぎる――などの理由から、誰のための何のための公聴会であるのか理解に苦しむと指摘した。

この請願行動に対して福島県は、「国がつくる実施細則を見てからでないと」と、従来通り積極的な姿勢を見せることはなく、地元町議会議長も県の動きに従うだけだった。

福島第一原発で放射性廃液流出事故

まさにこうした折、東京電力福島第一原子力発電所で「放射性廃液が建物外に漏れ出る」という、日本の原発始まって以来の事故が起きた。1号炉と2号炉から出た放射性廃液は地下貯蔵庫に貯められていたが、その放射性廃液を地上の給液タンクに汲み上げて脱水機にかけ、水と高濃度のカスに分離する廃液処理施設を使い始めた数日後の6月25日のことだった。地下貯蔵庫から地上に汲み上げる途中に設けられた弁の閉め方が不完全だったため、巡回の係員が発見するまでに1cc当たり8600ピコキュリーの放射性廃液が2・4立方メートル漏れ出し、その一部が建物外にまで流れて約28平方メートルを汚染した。東京電力は直ちに作業員を動員して汚染土をスコップで除去し、ドラム缶48本に詰めて処理した。この処理を終えた後、東京電力は科学技術庁、福島県にその日の夜までに連絡した。ところが肝心の地元大熊町には、事故発生から22時間経った翌日にようやく報告した。入院中の志賀秀正町長に代わって町政を切り盛りしていた遠藤正助役は、翌朝の各新聞社からの問い合わせで初めて事態を知る有様だった。遠藤助役もさすがにこの時ばかりは、入院中の志賀町長を訪ねて「怒りましょう」と言ったと伝えられている（『原発の現場』）。「地域との共生」をうたい文句にしながら、東京電力の地元軽視の体質を如実に示すものだった。

事故翌日、開催されていた定例福島県議会で、社会党の渡辺岑忠議員が「原発の安全性」について質問した。この時点では、まだ前日の第一原発の放射性廃液漏れ事故は公表されておらず、渡辺議員も知らなかった。知らないまま、住民の不安や疑問を払拭するためには情報公開は欠かせないと訴えた。

「アメリカの安全審査の資料は一切公開されているが、日本では審査の途中経過は一切公開されていない。知事の強調している当事者間の相互理解と信頼という前提がないのであります。私どもこうした前提に立って、原子力発電所に反対であり、中止すべきであると主張しているわけで、知事の所見を伺いたい」

（「福島県議会定例会会議録」１９７３年６月）

これに対して答弁に立った木村知事は、前夜に放射性廃液漏れ事故の連絡を受けて知っていた。しかし、事故には一切触れず、次のように答えた。

「原子力の平和利用の三原則が確保されていないから原子力発電所に反対だという趣旨の話でありましたが、これは誤解から生じたものと考えております。現在においては公開資料室を設け、いわゆる公開の法則をとっている関係上、原子力の平和三原則には反していないということになるのであります。これによってもなお反対だというのは、イデオロギーの上から反対だという意味に解釈する以外にない、と言わざるをえない」（同）

この姿勢を何といえばいいのだろうか。圧倒的な政治力を背景にした自信過剰の議会対応といえる。しかし、廃液漏れ事故が公表され、東京電力の隠蔽体質とともに木村知事の「事故隠し」答弁の事実が明らかになると、大熊町でも県議会でも批判が噴出した。東京電力はひたすら、町への連絡遅れを謝罪した。社会党県議団は、前日に渡辺議員が代表質問をした時点で事故情報を県が知っていたにもかかわらず、その事実を知らせなかったとして、生活環境部長を呼んで抗議した。しかし、当の知事は議会答弁で謝罪らしきことをにおわせたものの、問題を専ら東電のせいにして残念がるそぶりに終始した。

事故翌々日の27日、小泉武議員（民社クラブ・相馬出身）が緊急質問に立ち、「知事のこれまでの並々ならぬ安全性の確保への熱意と努力が、今回の事故によって無残に裏切られてしまった。また住民の不安と安全性に対する不信を一層助長する結果になった。なぜ東京電力から県への連絡が遅かったのか。なぜ県は速やかに立ち入り調査をしなかったのか。今後どう電力を指導していくのか」と質問した。

答弁の道筋をつけたような質問を受けて、木村知事はおおよそ、次のように説明した。

「東京電力は、事故の通報が遅れたのは原因究明などの応急措置を講じていたからだ、と言ってきている。県としては、事故があった場合にはまず県に報告してから対策を講ずべきだと考えており、東電からの報告が遅れたことはまことに遺憾に思う。今後このようなことがないように厳重に言い渡した。県の立ち入り調査を直ちにしなかったのは、事態の正確な把握をする必要があったことと、その影響が局部的なものであったからだ。事故原因は作業員のミス、発電所側の保安管理の欠陥並びに保安教育にある。今後このようなことがないように厳重に監督していきたい」

要するに、連絡の遅れは東電の落ち度だが、事故原因は作業員のミスで処理はすでに終わっており、原発の安全性に問題はない、ということだ。

続いて29日の議会では、共産党県議として初めて議席を得たばかりの箱崎正夫議員が、「東電の報告遅れは遺憾だというが、東電の報告遅れは今回が初めてではなく、過去に何回もあった。公開の原則に反する秘密主義をとっているからだ。今回の事故について、県議会が開会中なのにどうして東電に報告させないのか。県の態度にも理解に苦しむ」と指摘したうえで、知事のアメリカ原子力施設の視察に、事故があった原子炉の視察が含まれていなかった点を追及した。

知事はこれに対し、「今回の事故は遺憾であり残念だったが、事故報告が遅れたのは事実であっても、故意に隠したようなことは一切ない。作業員にも環境にも悪影響を及ぼすようなことは何もなかった。すべては処理済みである。アメリカの視察に関しては、日米の原子力平和利用の科学水準を信じている」と紋切り型の答弁で答えた。

この事故を受けて変わったことといえば、東京電力と福島県の安全に関する二者協定が事故後、地元自治体が加わり三者協定になったことぐらいだろう。しかし、県議会でのやり取りから分かるように、木村知事の原発推進姿勢は少しも変わらなかった。県と地元町長、議会は、東京電力に対して「原発を推進するためにも、安全性に一段と努力し、これ以上、住民に不安を抱かせないでほしい」と要望するばかりで、県はその後も着々と、原子力委員会に協力して公聴会準備をすすめていった。

改善求めた住民請願通らず

一方、公聴会開催を約束して「要領」を発表していた原子力委員会としては、この時期の「放射性廃液流出事故」は頭の痛い問題だった。しかし、起こった以上は原因を軽微な「人為的ミス」とし、作業員の安全・保安教育を徹底することで再発は防げると説明することで、住民の不安を抑えなければならないと考えたに違いない。公聴会の場で、原子力発電所に対する不安や今回の事故を心配する意見が出るのはやむを得ないとしても、議論が深まることは避けなければならない。そこで、「十分な意見陳述の時間」や「質疑・討論の時間」を設けないこれまでの方針を貫き、各自に言いたいことを短い時間で一方的に言わせ、原子力委員会はそれを聞き置くだけの場にすること、これが譲ることのできない要件となった。

こうして、「公害から楢葉町を守る町民の会」などが出していた「住民代表や科学者による十分な意見陳述の保証を」という「請願」に対しては、どこからも何の対応もなかった。事故から約1か月が経った7月24日、原子力委員会から「公聴会開催要領の実施細則」が発表された。先の「要領」では「事前に届を出す」とされていたのは「30日前」、「意見陳述は定められ時間以内」は「1人15分以内」とされ、「公聴会の開催地は、原則として当該原子炉の設置予定地域を含む都道府県の県庁所在地とする」ことなどが示されていた。「請願」に沿った改善は全く見られなかった。

公聴会開催が具体化される中、「朝日新聞」に続いて、宮城県仙台市に本社を置く地方紙「河北新報」

も、30日付で「住民の意向を無視するな」と題する社説を掲載した。

〈この公聴会、質疑は受けるが本格的な議論はしないことを建前とし、1回2日間に限るなどの制約があって全く形式的だとの批判が強い。それというのも日本の原子力行政が、基本法にうたった「公開の原則」にそわず、商業機密をタテに秘密主義をとっているためで、安全審査のデータなどもアメリカより一段と知りにくい。従って住民のナマの声をきくというのも名目だけで、いわんや安全に対する住民の不安を少しでも解消しようとする努力や姿勢が、公聴会という手段で期待できるとは思えない。世論に押されてしぶしぶ公聴会を開くのだから、福島でのテストケースも推して知るべしといわねばならない〉

1973年8月1日、原子力委員会委員長・前田佳都男名で、「原子炉の設置に係る公聴会開催」の官報が告示され、9月18日、19日の午前9時30分から午後4時30分まで、福島県農業共済会館2階大ホールで公聴会「東京電力株式会社福島第二原子力発電所原子炉の設置の許可について」を開くことが発表された。

これを受けて、日本科学者会議福島支部（代表幹事・星埜惇）が8月13日、木村知事に対して『「原子炉の設置に係る公聴会」の改善・民主化についての要請』を提出した。この要請は、告示では公聴会の対象事案を福島第二原子力発電所原子炉としているが、それに限定することなく、「集中化されつつある巨大な原発基地群全体の安全問題について、総合的な意見陳述を充分なし得るよう改訂されるべき」で、「住民にとって最大の関心事である環境問題全般にわたる包括的・総合的な陳述が充分に保障されるようにすべき」だと指摘。前述した県・国・電力が一体となって作成した「双葉原子力地区開発ビジョン調査報告書」（1968年3月）にも触れ、ビジョンが双葉地区を原子力産業のメッカとして発展させることが適当と提言している以上、「再処理工場を含む原子力産業の適地」であるとする開発計画や構想を俎上に乗せるべきだ、とした。また、マスコミによる批判と同様、原子力委員会が一方的に開催期間、陳述制限時間を決め、意見陳述人を指定するのではなく、もっと住民の意向に沿うものに改善すべきだと述べた。

そして、福島支部だからこその指摘で締めくくった。公聴会が開催されようとしている中、「東京電力はすでに実質上、事前工事に入っている」とし、公聴会の意味が全くなくなってしまうから「直ちに工事を中止させるべきだ」と厳しく要請したのである。

福島県はこれに対し、28日付で回答を寄せた。〈今回設けられた公聴会制度は広く地元の利害関係者の意見を聞くことをその趣旨としている（注・この文言は要領、細則、告示にはない）。従って、地元利害関係者が当該原発基地群全体の安全性問題について総合的な意見陳述をすること、また環境問題全般にわたる包括的総合的な意見陳述すること、地域開発政策の可否を陳述することを妨げるものでない〉。15分で何を話していただいても構わない、こちらは聞き置くだけです、といったニュアンスだ。開催期間、陳述時間、質疑応答などについての疑問や批判に対しては、〈妥当なものと考えている〉を繰り返し、工事については、〈許可の審査に当たって必要な地質調査等であって、原子炉施設に係る工事でない〉とだけ書かれていた。

この回答をめぐっては、後に重大なことが判明する。衆議院科学技術特別委員会の場で、この回答は福島県がつくったものではなく、科学技術庁がつくった国の正式な見解であることを政府側が認めたのである。科学者会議福島支部は「地元の知事として最大の努力をされるよう強く要請します」と求めたのに、木村知事はただ国に連絡して科学技術庁に回答を書いてもらい、あたかも県の回答であるように返していたことになる。国の政策を地方の立場でチェックし、改善しようという意思はなく、原発建設に邁進しようとする国と一体となっていた福島県の姿が露呈したといえる。

専門家と事前勉強

一方、「公害から楢葉町を守る町民の会」など浜通り地方の住民団体や、福島県立高等学校教職員組合（県立高教組）などからなる「原発・火発反対福島県連絡協議会」は、7月24日の「実施細則」発表直後から、原発建設予定地を持つ全国各地の科学者会議支部の意見も参考にしながら公聴会への対処を検討していた。その結果、協議会の中心的なグループは、今回の公聴会は原子力研究の三原則である自主・民主・公開に反して問題が多すぎるが、自分たちが署名を集めて開催にこぎ着けた経緯があることから、「公聴会の民主化を要求する一方、あくまで参加して原発建設を認めないと主張する。ボイコットすれば、自分たちの声を訴える唯一の機会を失うばかりか、福島の公聴会では原発建設に反対はなかったとされる」と考え、参加方針を固めた。同時に、この運動を福島個別の問題とせず、全国的な原発反対運動の一環ととらえることを確認した。

それからが大変な日々だった。多くの専門家の力を借りて猛勉強会、宿泊合宿が始まった。富岡町の海辺にあった海遊館が主な会場となり、講師陣は、日本科学者会議の安斎育郎（現・立命館大学名誉教授）や中島篤之助（原研東海研究所）など、豪華な面々が手弁当で参加してくれた。中島の言葉を借りれば、参加した研究者たちの基本スタンスは、「原子力研究は今後のエネルギーを考えるうえで重大な意味を持つからこそ、研究に携わっている。しかし、原子力発電は現段階では安全性が保障されない未完成な技術で、商業用運転は危険きわまりない」というものだった。勉強会の参加者は主に、原発建設予定地である浜通り地方の高校教員たちだった。これまでの運動や勉強会を通じてある程度の知識はあったものの、公聴会の意見陳述に向けてさらに知識を身につけようと、誰もが必死だった。

この勉強会について、参加者たちは「議論をいつもリードしてくれたのが安斎育郎先生だった」と口をそろえる。安斎育郎は3・11の原発事故後、放射線防護学の第一人者としてテレビ、新聞に連日登場し、引っ張りだこの状態となったが、当時は東大の一助手。東大工学部原子力工学科の一期生でありながら、「反原発」というらく印を押され、長く不遇をかこつことになる。主任教授が研究室メンバー全員に「安斎とは口をきくな」と伝えていたという。

その安斎育郎が勉強会に参加したことで、原発問題をありとあらゆる角度から検討し、問題点を解明していく態勢が整った。大きな柱となる十数個のテーマを設定し、その一つ一つのテーマを異なる視点から考察していく。その結果、問題点を系統的に明らかにするには最低でも60人の意見陳述人を立てる必要があった。さらに、開催要領は「陳述内容が同一のもとみなされる場合には、当該意見陳述者間において代表として意見を陳述する者一名を決定する」としていたため、陳述内容が重ならないよう努めなければならない。そのうえ、意見陳述希望を申し込んでも何人が採用されるかは原子力委員会の裁量にゆだねられている。

そこで、こうした問題を解決する手立てとして考えられたのが、「60人の証言」として意見をまとめ、公聴会の場で原子力委員会に提出し、そこで述べられた質問と批判に回答を要求することだった。あわせて、全国各地で繰り広げられている反原発運動の学習会にも活用してもらえれば、との願いがあった。果たして、短期間にまとめられた「60人の証言」は、全国各地の集会に持参するとあっという間に売り切れ、その後も引き合いが続き版を重ねることになった。3・11原発事故からさかのぼること40年も前に、「原発開発をめぐる技術的能力および行政のあり方」、「原子力の平和利用」、「原子炉の安全性」、「廃棄物や使用済み核燃料からの放射線の影響」、「温排水をめぐる漁業、環境の問題」など、よくこれだけ多方面から問題点を考察できたものだと感心させられる。しかも、原発立地地域に住む住民の目線からの不安や疑問点であるだけに、共感を持って受け止められたと言われている。

さらに、公聴会での意見陳述希望届締め切りの8月25日直前には、日本科学者会議と原発反対若狭港共闘会議の共催で「原子力発電問題若狭シンポジウム」が福井県小浜市で開催された。浜通り住民代表として早川篤雄ら、科学者会議福島支部からは中心として活躍していた堀孝彦ら、あわせて6名が参加した。堀は「福島県における原発・火発誘致と住民運動」と題して運動の特徴と課題を報告し、各地の住民組織との交流を深めた。

このころになると、総評（日本労働組合総評議会）・社会党は反原発・反公聴会の姿勢を明確にするようになっていた。社会党福島県本部の片桐紀泰書記長は「原子力発電所については、その安全性について専門家の間にも二つの意見があり、まだ解明されていない。その原子力発電所を双葉地方に集中することには問題が多く、運営面でも自主・民主・公開の三原則が生かされていない。現状では電源立地には反対せざるを得ない」としていた。この点では、原発・火発反対福島県連絡協議会の主張と異なるところはないが、公聴会にどう臨むかについては決定的な違いがあった。総評・社会党は、原発建設にゴーサインを出すための見せかけセレモニーにすぎない公聴会を認めることはできない、との立場を打ち出すようになった。

原発・火発反対福島県連絡協議会の住民代表が木村守江県知事らと対県交渉をする際に窓口となってくれたのは、社会党の岩本忠夫県議だった。しかし、岩本を委員長とする双葉地方原発反対同盟（1972年結成）も、社会党一党支持を表明していた小中学校の教職員組合である県教組も、公聴会の1か月ほど前から連絡協議会とはっきりと距離を置くようになった。8月下旬になると、「原発反対、ごまかし公聴会阻止福島県共闘会議」を結成し、形だけの公聴会に参加することは原発推進に手を貸すことになるとして、「公聴会の実力阻止・粉砕」を前面に掲げるようになった。

「原発県連」が発足

こうした情勢を受けて1973年9月9日、これまでの連絡協議会をいったん解散し、改めて「公聴会の民主化を要求しつつも、公聴会に参加する団体および個人」からなる「原発・火発反対福島県連絡会」（略称・原発県連）を結成した。この原発県連が、後の「福島原発訴訟」原告団につながることになる。

会の性格と構成を次のように申し合わせた。

i　この会は「安全性」の確認がえられず、真の地域開発にもならず、住民の意志をも無視した原発・火発の建設に反対して運動をすすめる。

ii　現地の反対住民がすすめる諸運動と協力・共同し、その運動を有効ならしめる。

iii　原発・火発に関する諸問題を住民の立場と科学的根拠に立って明らかにしていく。

iv　原発公聴会開催をかちとった意義を全国の運動の一つの成果として評価し、引き続きその民主化の実現に努力する。

参加団体は、連絡協議会の公聴会参加グループで中心的役割を果たした県立高教組、「公害から楢葉町を守る町民の会」など地元の四つの住民運動組織、日本科学者会議福島支部、共産党県委員会だった。県立高教組の中では地元相双地区の組合員が実務的な活動を担った。なお、構成を「団体および個人」としたのは、東北電力「浪江原発誘致反対期成同盟会」が運動方針として他党（社会党、共産党のこと）とは共闘しないことを掲げる中、委員長の舛倉隆が、原発県連の現地事務局メンバーで中学校教員だった大和田秀文と連絡を取りあって例の学習会にも参加し、個人として入会の意思を示していたからだ。

全国初の公聴会が近づく中、「福島民報」に並ぶ地方紙「福島民友」が9月6日から6回シリーズで「電気と暮らし」をはじめた。その1回目は「電気がなかったら――供給体制づくり急務」だった。火力発電所の亜硫酸ガスや温排水、原子力発電所の放射能や温排水が地元住民の設置反対運動の原因となり、設置が思うように進んでいない中、初の公聴会は、新しい〈電源基地〉双葉海岸にきれいなエネルギー、

初の公聴会に抗議する反対派のデモ行進＝1973年9月18日、福島市内で（朝日新聞社提供）

環境を守り住民の不安・疑問のない原発をつくる合意を形成する機会にしてほしい、としていた。東電が原発ピーアールのために毎年募集し続けていた中高生の作文の域を出ない内容だった。

公聴会前日の9月17日、総評・社会党グループは、双葉町体育館を会場に「原発問題全国討論研究集会・国民のための公聴会」を開催した。18日の公聴会当日は、全国から動員した社青同や日農の組合員を中心とした1千名に及ぶデモ隊による市中行進や、会場前の座り込み阻止行動を決行した。しかし、公聴会粉砕を闘争の山場と位置づけた行動だっただけに、公聴会が終了すると、阻止運動も潮が引くように静かになっていった。

2 変質した趣旨

さて、2日間にわたって開かれた公聴会は、予想されていた通り、住民運動「公害から楢葉町を守る町民の会」

の要求を逆手にとった「100％やらせ」と言ってもおかしくないものだった。福島県教育研究所の永山昭三（日本科学者会議）がまとめた数字がある。意見陳述希望に1442人が応募し（原子力委員会は1404人と発表）、原子力委員会によって42人が陳述人に指定された。その内訳は、原発賛成者が27人、反対者が15人。この人数比率でいけば、後に公表された陳述人一覧が示しているように、初日の18日も19日も、発表者の順は、賛成、賛成、反対、賛成、賛成、反対となり、賛成論が多い公聴会になるように仕組まれていた。そのうえ、「プルトニウム利用計画と軍事転用への恐れについて」（伊東達也）や、「いわゆる〈核安保〉について」（畑孝一）、「原子力開発における民主・自主・公開の三原則の遵守の重要性」（大杉茂治）といった、軍事利用の恐れや平和利用への疑問についての陳述者を3名申請したが、誰も選ばれなかった。原子力利用の根幹に関わる「平和利用」は、公開の場で議論のまな板にのせることさえ封じられてしまったのだ。

原子力委員会によって指定された賛成意見陳述人27人の多くは、原発推進派の町長や町議会議長、漁協や農協・商工会の組合長、連合婦人会、ＰＴＡ連合会の会長といった地元有力者や、駆り出された町の名士たちだった。町を挙げて原発誘致に取り組んでいることを印象づけるのが狙いで、なかには本人には無断で、町の助役が勝手に申込書を出していた例もあった。そのためか、賛成論者の意見は永山昭三の分析によれば、「原発による地域発展を期待する」（20名）、「今後も予想されるエネルギー危機には原発が欠かせない」（5名）、「国も企業も安全対策には万全を期しているので原発の安全性は信頼できる」（2名）の3パターンだけだった。従って内容的に同じ意見が何度も繰り返され、何を言っているのか分からないような発言も続いた。

耳を疑うような発言も飛び出した。賛成者で元小学校教師だという富岡町の婦人会長は、その年、念願叶って福島県代表として夏の甲子園初出場を果たした県立双葉高校球児の健闘をたたえたうえで、甲子園初戦で双葉高校を破って全国優勝を果たした広島商業にふれ、こう言い放った。「被爆地で育った者でさえ、この体力・この気力！　放射能おそるるにたらず」。こんな意見に対しても、「実施要領」では質問も反対討論もできず、言わせるままだった。公聴会の意見陳述要旨を掲載した「福島民報」も、さすがにまずいと思ったのだろう。彼女の意見としては、「日本一の原発基地が建設されると思うと誇りだ。東海村の婦人会との交換会でナマの声を聞いた。自然破壊もなく、健康にも影響がない。電力不足のいま人類の〈しもべ〉として活用すべきだ」などと記すだけだった。

あたかも推進派の集い

公聴会の傍聴希望者は、楢葉町の全住民8千人を遙かに超える1万6158人（原子力委員会は1万5985人と発表）にのぼった。その中から、新聞記者らを立ち合わせて、1日に210人、合計420人を当選者とした。そのうち、開催署名に積極的に協力した楢葉町の住民はわずかに5人で、早川篤雄をはじめとして多くは「公正な抽選を行ったところ、あなたは落選となりました」との返信はがきを受け取り、公聴会から閉め出された。後に分かったことだが、原発推進勢力は官製往復葉書に印刷したものを原発労働者などに配って組織的に応募させたり、説得工作で反対運動が収束した富岡町毛萱地区の住民120人分の傍聴申込を無断で出したりした結果だった。そもそも公聴会の会場に指定された福島市は、楢葉町住民にとって気軽に出かけられる「地元」ではなかった。会場内に入ることができたわずかな反対派住民は、推進論者の同じような意見にも耳を傾け、メモをとり、時折抗議のヤジなどを飛ばしたものの、質問は許されなかった。開催を求めて署名集めをはじめた当初に思い描いていた「原発の危険性をあらゆる角度から解明する」公聴会は、「原発推進」の決起集会のようなものに変質させられてしまった。

公聴会に関する地元紙の報道に触れておきたい。「福島民報」の公聴会当日の朝刊は「きょうから原発公聴会　初日は20人が意見」と報じただけで、その意味などは論じていない。夕刊になると「緊張の中、原発公聴会　地元町長、住民ら意見述べる」として会場内部の様子を伝える一方、「会場前、激しいデモ　労組員ら一時座り込み」、「商売にならない　商店怒りぶちまける」など、もっぱら「雑観記事」に終始した。公聴会が終わった翌20日の朝刊は、1面で「原発公聴会、平穏に終わる」「舞台、原子力委へ　安全審査に十分反映・井上議長」の見出しを立て、3面で「ゆったりしたムード　傍聴席に空席目立つ」として次のように書いている。

〈入場した傍聴人は定員210人に対して187人で、あちこちに空席が目立ち、中には前日と同じ顔がチラホラ。18、19両日の傍聴人は別に抽選したため、同じ顔があってもおかしくはないが、中には政党や各団体が組織的に大量に、傍聴券を手に入れたケースもあったとみられる。（略）また賛否両論とも類似した内容が多く、午後にはイスに座ったまま居眠りする傍聴人もあった〉

確かに公聴会場内の雰囲気は、記者が感じた通りだったかも知れない。しかし客観的な報道のように見せかけながら、なんと悪意に満ちた報道だろう。もし悪意はないと言うのであれば、何と底の浅い記事なのだろうか。住民側は、署名を集めて開催にこぎ着けたにもかかわらず、早川篤雄をはじめほとんどは建設工事現場の作業員を動員する組織的な応募などによって、意見陳述人からも傍聴人からも閉め出された。総評・社会党グループはボイコットを呼びかけていた。にもかかわらず、「政党や各団体が組織的に大量に、傍聴券を手に入れたケースもあったとみられる」と、あたかも原発反対派に原因があると連想させる報道ではないか。住民側は、ほとんど手に入らなかった傍聴券をふいにして空席にすることなど到底できなかった。また、「賛否両論とも類似した内容が多く」は、原発設置賛成者、反対者とも、どっちもどっちの印象を与える「虚偽の報道」といえる。原発推進論者の意見が「地域発展に資する」「安全対策は万全」など3パターンの「類似した内容」だったと言うのなら分かる。それを「賛否両論とも」と報じていいのだろうか。少なくとも県連絡会の中で発言を許された11人は、別々の観点から疑問・不安・反対の意見を陳述した。公聴会要領に「同一内容の場合は調整する」とあったのを受けて、合宿をしながら勉強会を積み重ねて参加していた。数少ない傍聴者も、賛成論者がどんな意見を述べるのかに耳を傾け、メモを取らなければならなかった。

もう一点ある。「福島民報」は公聴会開始にあわせて、相馬・双葉地区6町住民の「原発についての世論調査結果」を発表した。その見出しをみると、「公聴会62％が開催を評価」「半数以上が不安」「建設　条件付き賛成が過半数」とある。このうち、「半数以上が不安」は、以後も長く続く住民の偽らざる本心だった。「安心、安全」と言われようが、現実に「放射性廃液流出事故」のような事故が起こっている以上、心のどこかに引っかかるものを感じていたのだ。しかし、「福島民報」は社説を通じて、住民のこうした心配を「無知の仕業」「科学音痴」「見直しが必要な考え」とし、「安全神話」を盲信して広める役目を担っていったことを指摘しておかないわけにはいかない。

我田引水の委員会評価

このようにして開催された公聴会をそれぞれがどう評価したか、簡単に紹介する。

まず主催者の原子力委員会は、公聴会から7か月ほど経った1974年4月27日付で、「福島第二原子力発電所原子炉の設置に係る公聴会陳述意見に対する検討結果説明書」を発表した。その「はじめに」によれば、公聴会で出された意見を責任ある部署に連絡・報告し、その検討結果を得て総理大臣に答申するため、原子力委員会として慎重に検討した、ということになる。

公聴会の評価に関しては、「各陳述者から、原子力の安全性、環境問題、地域開発、地元住民への知識の普及等について、率直かつ熱心に意見が述べられたので、原子力委員会としては、地元住民の生の声を十分に摂取することができ、非常に有意義であった」としている。公聴会開催の趣旨については、「原子炉の設置について、広く地元利害関係者の声を聴取し、これを安全審査等に反映させることをその趣旨としている」と記したうえで、ごまかしの弁解を続ける。例えば、「開催要領」では同一の意見は1名に絞るとされていたにもかかわらず、原発賛成論は同じような内容が目立った点について、「地元利害関係者の意見を幅広く聴取するという趣旨に鑑み、意見陳述者の指定を陳述意見の内容、項目のみの観点から行うことは必ずしも、この趣旨に沿うものでない」、「各界各層の代表を中心にして指定した方が幅広く地元民の意見を聴取できることになり、より望ましいと考えた」と後付けの理由を説明している。そのうえ、「なお、陳述しようとする意見が同趣旨であるとみられるものが多数あったが、申し込みの書面では意見の内容が必ずしも具体的でないものが多く、従ってこれらを同一意見と断定する根拠がなかったため、同一意見の調整手続きは行わなかった」と弁解している。

また、なぜ原発賛成論者が27名で反対論者が15名だったのかについては、陳述希望者の申し込み1404人のうち、賛成が1344人、反対が60人だったが、その比率にとらわれず、なるべく反対の意見が述べられるよう配慮した、と正当化している。このほか、原発に反対ないし疑問を呈していた研究者を「地元住民ではない」として排除しようとしたことが衆議院の科学技術振興対策特別委員会で取り上げられ、原子力委員長が「地元と密接な科学者の意見陳述は認める」と答弁せざるをえなくなった経過には触れず、あたかも原子力委員会が進んでそうしたかのように記述していた。

東京電力は、『東京電力三十年史』（1983年発行）に一連の経緯をまとめている。それによると、福島第二原発1号機の原子炉設置許可申請は、町民の会が公聴会開催を求めて署名を集め始めていた1972年8月、東京電力から内閣総理大臣に出され、安全審査に付されていた。公聴会をめぐる動きについては、〈反対グループの対応は二つに分かれ、一方は公聴会に参加して反対意見を陳述する立場をとり、他は公聴会の開催阻止に動くという立場をとった。18日は、早朝から千数百人のデモ隊が一時会場周辺を取り巻き、機動隊も出動したが、公聴会は予定どおり開催された。席上、当社は、原子力開発の必要性、安全性、経済性、とくに1号機の信頼性について詳細に説明するとともに、安全と環境保全に関する諸施策を述べ、地元の理解と協力を懇請した〉と記すだけだ。

では、木村知事はどうだったか。公聴会直後の県議会でのやり取りに触れておきたい。

添田増太郎県議（自民党）が「公聴会の開催を要求してきた社会党が、公聴会の開催方法が自分たちの思い通りにならないからとして、暴力によって破壊しようとしたことは、民主主義に対する挑戦であり、断じて許すことができない問題であります」と質問したのを受けて、知事はこう答弁した。

「社会党、総評、一部の過激グループが実力をもって阻止しなければならない状態になったことはまことに残念である。しかし、幸いにも、順調に終了して、所期の目的を達したと考える。公聴会の陳述人、傍聴者の選定についてであるが、陳述人は大体１４０４人で、その中に反対の人が60名であった。この数字の上から案分すると反対陳述する人が少数になる関係から、少なくとも公正なる陳述をさせるためには、反対の方に三分の一の席を与えた次第である」

なぜ社会党や住民グループが公聴会の開催を要求したのか、求めたのはどのような公聴会だったのか、なぜ公聴会反対を主張するようになったのか。その内容には全く触れず、「要求が実現すると反対した」と短絡的に批判している。また、公聴会での陳述人は原子力委員会が決めたはずなのに、あたかも自分が席を与えたように言い、賛成と反対の配分については原子力委員会と同じ主張だった。要するに、木村知事にとって公聴会とは「自分が許可した」公聴会であり、「所期の目的を達した」公聴会だったといえる。

また通らなかった請願

原発県連に属する住民運動組織の評価と、その理論的支柱となった科学者会議福島支部の評価についても、公聴会後の動きも含めて付け加えておきたい。

「公害から楢葉町を守る町民の会」は、公聴会が終わった1週間後の9月25日付で、楢葉町議会議長と楢葉町長宛に請願書を提出した。署名運動を通して公聴会開催にまでこぎ着けた住民にとって、福島市での公聴会は納得できるものではなかった。彼らによれば、公聴会は要領が発表された当初から、関係各方面からの改善要求に応えず、陳述者、傍聴者の選定を一方的に進めて運営したため、各界の名士によるエネルギー危機論と地域開発論に終始した。請願書は「なにがなんでも建設するのだということを前提とした公聴会であったと考えます。したがいまして、私達住民が最も関心事とする安全か否かとの訴えをおさえ、建設必要論のみを強調するものであったと考えざるを得ないのであります」と指摘したうえで、町と町民の会の共催であらためて「東京電力福島第二原子力発電所の設置をめぐる公聴会」を開き、公害の恐れは本当にないのか、まちがいなく安全なのかという点を中心に議論することを求める内容だった。しかし、この請願は通らなかった。

次に、科学者会議福島支部の評価である。この運動の最も早い段階から精力的に活躍してきたのが、福島大学の堀孝彦と、福島県教連教育研究所長の永山昭三だった。そのうち堀は、浜通り住民代表とともに若狭シンポジウムに参加したことはすでに触れた。堀は、『原子力発電問題若狭シンポジウム報告集』（1974年5月）に、追記「公聴会前後における運動とその発展」として次のような一文を載せている。

〈われわれは、公聴会問題への取り組みを通じて、①住民と全国の原発問題の科学者との結合が前例のないレベルで得られた　②その結果、公聴会におけるきびしい制限のなかで原発問題を多角的に批判し得た　③「60人の証言」を発行し（日本科学者会議編集）、そこに述べられた質問と批判に回答することを要求して原子力委員会を追いこむとともに、全国の運動に寄与していける資料をつくった　④浜通り中心の運動から県レベルの運動へ高めるきっかけを作り（9月9日に「原発・火発反対福島県連絡会」を結成）、新しい局面を開いた〉

3　公聴会後の急展開

原発推進勢力は、公聴会をめぐる駆け引きの水面下で着々と布石を打っていた。

公聴会開催が迫った9月13日には、地元富岡町や楢葉町では、町長・町議会議員や町の有力者たち原発賛成派によって「明日の双葉地方をひらく会」連合会の結成大会が開催された。その会で採択した運動のスローガン「原発建設を促進し、豊かな町づくりを進めよう」などをポスターにして、町の至る所に貼り出して建設気運を盛り上げた。

そして見逃せないのは、福島第二原発1号機建設に欠かせない「公有水面（海面）埋立免許」をめぐる動きである。原子力発電所を建設するには、原子炉を冷却するための海水（二次冷却水）の取水口と排水口を設置するため、海面を埋め立てることが必要になる。東京電力は、埋め立ての許認可権を持つ福島県知事に対して、公聴会の約3か月前の6月21日、「公有水面埋立免許願」を提出していた。これを受けて知事は、8月13日付で楢葉町議会と富岡町議会、広野町議会それぞれに、「東京電力から埋立ての免許申請があったので、議会としてどう考えるか」と諮問した。公聴会は、このような中で開かれたのだ。富岡町議会は公聴会からわずか10日後の9月28日、広野町議会はその3日後、楢葉町議会はさらにその翌日、公有水面埋立免許の許可に対して「意見なし」、「同意する」との答申書を提出した。

ただし、いずれの町も環境問題に無関心ではいられなかった。そこで、同意するけれども次のようなことに配慮してほしいとして、付帯決議も提出している。その内容は、「県と企業の責任において護岸工事および離岸堤をつくるべきだ。排出される温排水に放射性物質が混入排出されることが絶対ないようにすること」（富岡町議会）、「埋め立て工事で、沿岸や河川などに悪影響を及ぼす場合、県知事が責任を持って対策処置を講ずる。県と東電の間で締結している安全協定に住民組織代表を加えること」（楢葉町議会）だった。

この付帯決議から明らかになるのは、原発推進側も原発の安全性に不安をいだいており、埋め立てによる海岸浸食が進むことなどを心配していたことである。しかし、これら付帯事項に対する県知事からの答えはなかった。付帯決議の要望は結局無視されたまま、「意見なし、または同意する旨の答申があった」とされ、東京電力福島第二原発の建設計画はすすめられていく。

知事のゴーサイン

木村知事が公聴会後、「公有水面埋立免許」を与えるまでの経緯は以下の通りだ。

公聴会が終わって7か月後の1974（昭和49）年4月に出された原子力委員会の「検討結果説明書」のなかで、福島県は大変な褒め言葉をもらっている。「地元福島県当局は、主催者側の不備を補って余りある全面的協力を惜しまれず、公聴会の成功の原動力となられたことはまことに感謝に堪えない次第である」。

そのトップに立つ木村知事は、原子力委員会と足並みをそろえて公聴会を終え、富岡町、楢葉町、広野町の各町議会から公有水面埋め立てへの同意を取り付け、気を強くしたのだろう。本来であれば、公聴会で出された意見・疑問・不安を受けて原子力委員会がまとめる「検討結果説明書」の発表を待つべきだったにもかかわらず、行動に出たのである。1973年12月1日、知事は東京電力に対し、福島第二原発建設と広野火力発電所建設を目的とした「公有水面埋立免許」を与えたのだ。原子力発電所の建設と切り離せない免許で、建設そのものにゴーサインを出したと言っていい。

その翌々日、「原発・火発反対福島県連絡会」の住民グループは県庁に出向き、木村知事に直接、「原子力行政についての申し入れ書」と「公有水面埋立免許取消要求書」を提出して、抗議の意思を表明した。申し入れの主な点は、次のようなものだった。

〈知事は、公聴会で出された意見を反映するために県独自の「原発問題専門委員会」を設置するというが、公表された委員の中には原発推進団体に推薦されて公聴会で賛成陳述した人物も入っている。これでは公正な審議は期待できない。専門委員会の設置目的が「公聴会に出た意思を行政に反映させる」ということであれば、「60人の証言」で指摘した質問・疑問に納得のいく回答を出してほしい〉

「公有水面埋立免許取消要求書」では、埋立申請・許可の前提となる環境調査がずさんであることや、町議会が出した付帯決議になにも答えていないこと、さらに原子力委員会の「検討結果説明書」が出ていない段階であることを指摘して免許取り消しを求めた。

しかし、知事は聞く耳を持たなかっただけではなく、暴言ともいえる言葉を吐いて立ち去った。住民側の録音をもとに、やり取りの一部を再現する。

住民側　原子力委員会で回答（検討結果）が出た後ならまだしも――。

木村知事　回答が出たって出なくたって、公聴会が終わったのだから。審査中であるかもしれないが、こちらの方でも考えて、差し支えないという判断のもとでやっている。原子力委員会は最高の判断機関であるかもしれないが、それは差し支えないというのがわれわれの判断だ。

住民側　公聴会で、賛成者からも埋め立てについていろいろ問題が出ている。

木村知事　それに対しては、対策委員会（専門委員会）を通じて解消するように努力していきたい。

住民側　そうすると、県が今回作ろうとしている委員会が、原子力安全審査会よりも権限が上になる。

木村知事　権限が上とか下とかではない。お互い両方で力を合わせてやらなきゃ駄目なんだ。福島県がこんなに先を行っているのに、国は何をしているんだということになる。いいことをどんどん進めるのに何が悪い。

住民側　そうすると、今回の公聴会はどういう必要から開いたのか。

木村知事　公聴会は公聴会の必要性を認めて、われわれはこれを許可した。差し支えないんだ。福島県がいいことやって何が悪い。誰が反対したって、福島県が考えていいと思うことをやってなんで悪い。共産党の言うこと以外は駄目だといった考え方でやったのでは駄目だ。

住民側　知事、そういうことではないんです。今は、科学の問題を言っているのです。

木村知事　君ら、分かんなくて言っているんだから駄目だよ。（知事、ここで席を立つ）

全体を通じ、知事はどうしてこれほど自信たっぷりに「自分は何でも知っている」と強気な態度に出ることができたのか。彼自身の性格とも言えるし、圧倒的支持の下に前年、知事3選を果たしたことの表れかもしれない。そしてもう一つ考えられるのが、この数か月前の訪米体験だ。

木村知事はこの年の4月、サウスカロライナ州チャールストンで開催された日米知事会議の日本側団長として訪米した。訪米にあたっての思いを、自伝『春風秋雨九十年』でこう記している。

〈最近、原子力発電による放射線は人体に危険があり、生活環境を破壊するとの反対意見が出てきた。私は、誘致運動の当初からの協力者であり、現在は県の最高の行政責任者である。もし本当に原子力発電所がそんなに危険であり、人間生活に害があるものであるならば、これからの建設に対しては断固たる処置を講ぜねばならぬし、既設の発電所に対してもいちだんときびしく指導して地域住民に安心感を与えねばならぬ。それが私に課せられた責任であり、義務であるとの考え方からアメリカの原子力発電所や、原子力研究所を視察、勉強して、県民の期待にこたえねばならぬ、との決意のもとに出発した〉

なかなか立派な決意で出かけ、帰国後の県議会でも同様のことを語った。しかし、実際は東北電力浪江原発の土地買収が一向に進まないうえ、東京電力福島第二原発をめぐっても反対運動が起きていた。このため、県議会では相沢議員や岩本議員に追及され続けており、この辺りで確固とした信念を持ち、反論したかったのでないか。

「ふくしま県民だより」（1973年6月）によれば、その視察は4月19日から約1週間で、途中で合流した環境保全課長や県漁連参事らを伴い、アメリカ各地の原子力発電所や研究所を訪ねた。ドレスデン発電所では、併置された二つの原子炉の一方がフル操業中に、もう一方の原子炉で燃料を入れ替えている様子を視察し、ミルストン発電所の周辺約150メートル付近に海水浴場や住宅があることも確認した。また、アルゴンヌ国立研究所では、放射線の制御や温排水の排出方法についても知識をたくわえた。こうした視察から、知事は「注意は必要だが、わが国の原子力委員会が決めている基準を守れば、放射能による心配はまずないものと思われる」と語り、原子力発電所の安全性に対する自信を深めたという。この自信は、前述した6月の東電第一原発の放射性廃液流出事故によっても揺らぐことはなく、住民グループに対する強気の発言となったのだろう。

しかしながら、知事がアメリカ原子力発電所見学で得た自信は根拠のないものだったことを付け加えておきたい。

知事が視察した原子炉はいずれも運転経験が浅い発電炉ばかりで、改善命令を受けている事故炉や環境問題をめぐってトラブルを起こしている発電炉は1か所もふくまれていなかったのである。たとえば、訪問の2年前、アメリカ原子力委員会は非常用冷却装置（ＥＣＣＳ）がうまく作動しないことが判明した5基の発電炉に改善命令を出した。40万キロワットクラスのサンオノフレ発電所や、ドレスデン1号炉（20万キロワット）などだが、いずれも見学コースから外されていた。ドレスデン発電所では、わざわざ訪問しながら1号炉でなく、新しく造られてまもない2号炉、3号炉だけを案内されている。

しかも皮肉なことに、アメリカの原子力施設の視察から帰って、知事が「放射能による心配はまずない」と「県民だより」に掲載してまもない8月24日、アメリカ原子力員会は、放射能漏れのおそれがあるとして10か所の発電所に出力制限命令を出したが、木村知事が見学した全ての発電所がその対象になっていたのである。

第5章　周辺住民、「巨象」に挑む

全町民避難が続く双葉町。被災当時のまま店舗が残されていた

1　前哨戦の公有水面埋め立て訴訟

公聴会の後、「原発・火発反対福島県連絡会」（原発県連）はどう活動を続けるか、手探り状態だった。その間、「公害から楢葉町を守る町民の会」は、町の人々への報告・討論集会を企画し、10月13日に楢葉町で、14日に富岡町で、中島篤之助（原研東海研究所）の特別講演とあわせて開催した。ただし、集会は何の障害もなく開かれたのではない。驚いたことに、楢葉町集会当日の朝、原研は地元新聞に折り込み広告を入れた。その内容は「中島篤之介は原研とは関係がありません」というものだった。中島は原研の職員だが、決して彼の意見が原研の意見ではない、と言わない訳にはいかない事情があったのだろう。

原発をめぐる状況はその後、反対運動にとって予想を上回る厳しさと早さで動いていく。とりわけ大きかったのが、1973（昭和48）年10月6日に勃発した第4次中東戦争である。OPECが石油戦略を発動すると、日本列島はたちまちオイルショックに見舞われた。アラブ産油国が原油生産の削減を宣言したことに伴い、石油関連商品が高騰した。各地のスーパーがトイレット・ペーパーや洗剤を求める人であふれ、個数制限や売り切れ宣言を出す騒動に発展した。戦後すぐ、サウジアラビアで大油田が相次いで発見されて石油の低価格時代が続いていたが、その高騰によって原発開発のハンディがいっぺんに吹き飛んだのだ。まさに千載一遇の好機とばかりに「エネルギー危機」が声高に叫ばれ、その対策として「原発建設は急務である」との空気が一気に広がっていった。

そんな折、国会でとんでもない「原発安全論議」が交わされた。

12月13日、参議院予算委員会の総括質問で、森山欽司科学技術庁長官（兼・原子力委員会委員長）に対し、日本電気産業労働組合出身で民社党参議院議員会長・向井長年が「新幹線と原発とどちらが安全か」と質問した。質問も質問だが、これに対する森山長官の答弁が振るっていた。「新幹線の事故の確率は75万分の1、これに対し原発は1千万分の1という数値がある。世界のいろいろのデータを集めて分析した結果で、原発は数値的には新幹線より安全であるということになる。原子力委員会の安全基準を守れば、事故はあり得ない」（「福島民報」1974年3月7日ほか）

さすが原子力委員会の委員長と言うべきか。その前年に発表され、世界中の原発推進論者たちが飛びついた『ラスムッセン報告書』の確率的安全論情報が念頭にあったのだろう。確率的安全論情報とは、「原子力発電所における大規模事故の確率は、原子炉1基あたり10億年に1回で、それはヤンキースタジアムに隕石が落ちるのを心配するようなもの」だった。

この森山長官こそが1974年8月、港内待機状態におかれていた原子力船「むつ」を出力試験のために出港させた人物である。出港に反対する人々に対し、「反対は科学への挑戦、火を見て恐れる野獣」と言い放った。ところが、出航からわずか1週間後の9月1日、「むつ」は放射線漏れ事故を起こし、怒る漁民の反対で母港に戻れず漂流を続けることになった。

一方、福島では先述したように、東電福島第二原発建設予定地の富岡町も楢葉町も公聴会終了後、県から出された公有水面埋め立てに関する諮問に対し、すぐに「意見なし」、「同意する」との答申書を提出していた。これを受け、木村知事は東電に公有水面埋立免許を交付し、翌年1月には全国知事会で「現下のエネルギー危機を原子力発電所で切り抜けよ」と政府に提言することを主張した。

原発県連はこうした状況のなか、原発建設を阻止するには裁判に訴え出て司法の場で論争し、判断を仰ぐしかないと考えるようになる。

「楢葉町を公害から守る町民の会」の早川篤雄は、署名を集めて公聴会開催が実現した時点までは、「なんとか頑張れば、少しは地元の声を聞いてもらえる」との期待を持っていたという。しかし、その後の公聴会の経過と政府、県知事、地元町村の対応に、判断の甘さを痛感させられていた。早川は仲間の門馬洋らと話し合う一方、隣町の「富岡町を公害から守る会」の小野田三蔵らにも声を掛けた。弁護士の安田純治にも加わってもらった。事態の急速な進行にどう立ち向かうか、今後のあり方について訴訟も視野に話し合った。

「のんびりはしていられない、なんとしても第二原発の建設を阻止しなければ」と焦る気持ちをおさえて議論する中、行政にこれ以上望みをかけても無駄、という判断に傾いた。ではどうすればよいのか。第二原発建設予定地は先に述べたように、最後まで反対の声があった富岡町毛萱地区も木村知事が乗り出した買収工作で1971年4月には用地買収契約が完了し、地権者による反対運動は終息していた。原発県連の住民の中には、建設予定地に土地を持つものは誰もいなかった。東北電力の浪江原発建設に反対し続けている浪江町棚塩地区の地主たちの運動とは、そこが決定的に違い、「子孫のため原発に土地は売らない」と言うわけにはいかなかった。

しかし、裁判に持ち込むには、原発県連の中心的な担い手だった福島県立高等学校教職員組合（県立高教組）や日本科学者会議福島支部の力を借りる必要があった。協力を要請すると、すぐ全面支援の約束を取り付けることができ、8人の弁護士からなる弁護団もただちに結成された。安田純治が弁護団長となり、彼との個人的なつながりで加わった「三菱原子炉撤去訴訟」の宮沢洋夫弁護士（大宮市）を除くと、大学一（はじめ）や鵜川隆明、荒木貢らいずれも安田法律事務所の弁護士たちだった。

次に原告団をどう組織するか。地元住民運動の世話役的な役割を担った県立高教組の相双支部組合員が中心となり、これまでの学習・講演会や報告集会に参加してくれた人たちや友人、知人に声をかけた。さらに、住民運動では先輩格にあたる「いわき市高校公害研究会」のメンバーも原告団に加わってくれた。動き出して1か月に満たない短期間だったが、200人を超える原告団の見通しが立った。原告の大半は、それまで活動を支えてきた高校教員たちだった。

態勢が整ったころ、早川篤雄は同僚の小野田三蔵に声をかけた。「こうなった以上、原告団長と事務局長は俺たちで引き受けるしかない。どっちとる？」。しばらくの沈黙の後、「おれ団長やっから」と小野田が答えた。こうして1974年1月20日、富岡町で開催された原発県連総会で訴訟を提起する方針が承認され、総会はそのまま「反対訴訟を進める決起集会」となった。この時点で、福島第二原発をめぐる裁判闘争がまさか17年9か月もの長期に及ぶとは、誰一人として想像していなかった。

ちなみに、原告団長となった小野田三蔵が当時36歳、事務局長の早川篤雄が34歳、弁護団長の安田純治が42歳、理論的な支柱となる安斎育郎が33歳という若さだった。

埋め立て免許取り消しを訴える

富岡町での原発県連総会から10日後の1974年1月30日、福島市で決起集会を開いた福島県浜通り地方の住民216名は、「東京電力の公有水面埋立免許申請に係る福島県知事の免許についての審査請求書」を県経由で建設大臣・亀岡高夫に提出する一方、全く同じ内容で木村守江知事を相手取り、「公有水面埋立免許取消請求訴訟」を福島地裁に起こした。あわせて、次のようなアピール文を発表した。文案は県教育研究所長の永山昭三が担当した。

〈昨年9月、原子力委員会主催による全国初の東電福島第二原発に係る公聴会にもあえて参加し、私たちの主張を貫き、問題点を余すところなく全国民の前に明らかにしました。しかるに東京電力並びに東北電力株式会社は折からの「エネルギー危機」に便乗し、計画の繰り上げ、土地買収計画等の強化を通じて建設を一層強力に推進しています。他方、福島県当局は本来の県民の生命と生活を守る立場の自治体であるにもかかわらず、かかる電力企業の圧力に屈し、去る12月1日には国の安全審査の結論に先がけて、原発・火発建設に伴う公有水面埋立免許を東京電力に与えるという暴挙をなすにいたりました。（略）思えば、私たちをはじめとする福島県民は、13年前における最初の原発誘致計画以来、原発・火発の一方的建設に対して耐えに耐えて今日に至りました。今や私たち県民の忍耐もその極限に達し、はげしい怒りにかえて不退転の闘争をここに展開することを宣言いたします〉

（「福島原発設置反対運動裁判資料」第7巻、クロスカルチャー出版）

行政訴訟の「公有水面埋立免許取消訴訟」は、後の「福島第二原発原子炉設置許可処分取消訴訟」の前哨戦だった。原子力委員会の原子炉安全専門審査会（審査会長・内田秀雄東大工学部教授）が行なっている審査は、原子力基本法が定める「自主・民主・公開」の原則に反する違法なものだとして、木村知事が出した公有水面埋立免許処分の取り消しを求めた。

第二原発の問題点を3・11の事故が起こる40年近く前に指摘したほか、重要な問題点として、日本の原子力委員会が内閣の単なる諮問機関に過ぎず、責任を負える機関となっていない点、原子力委員会は原子力の開発推進と規制の両方の役割を兼ねているため、安全審査は原子炉の設置を前提に行われている点を突いた。

訴状を見てみよう。

まず、原子力基本法の三原則については、安全審査に関する情報、基準がアメリカと東京電力に依存していて自前のデータがなく、提出された計算結果を厳密に点検する機関もない中で審査されており、自主性がない▽簡略な「審査結果報告書」が示されるだけで科学者の検討素材となりえる審査過程が公開されておらず、公聴会で住民・科学者・陳述人に資料請求権もなく、公開の原則を満たしていない▽公聴会での陳述で現実や現状を変えうる保障が全くなく、ただ言わせっぱなし、聞かせっぱなしで民主制に欠けている——と主張した。

さらに、大きな問題点として安全審査のあり方に言及し、原子力発電所の安全性は本来、核燃料の供給、発電所の建設・運転、放射性廃棄物の処理・処分、使用済み核燃料の再処理、廃炉処分などがひとつながりのものとして解明されるべきなのに、現時点の安全審査は断片的であり、再処理問題や廃炉処分問題の対策を展望する責任ある態勢になっていない、と指摘。特に、福島県浜通り地方での原子力発電所の集中立地は世界に類のないもので、近い将来必ず、危険がより大きい再処理施設の建設を促す結果とならざるをえないのに、再処理過程についての政策的、技術的見通しがないまま公有水面埋め立てを許可することは、住民の生命と生活の安全を守るべき義務を放棄するものであり、憲法13条（個人の尊重・幸福追求権）、25条（生存権・国の社会的使命）に照らして違法の疑いが強い、と訴えた。

また、関西電力美浜1号炉の蒸気細管漏洩事故、東京電力福島第一原発の放射性廃液漏洩事故などは、軽水炉型発電技術における安全確保のための技術や電力企業の安全管理への姿勢、監督官庁の監督能力が不十分であることを物語っているとし、埋め立てについても、潮の流れの変化が起こって海岸浸食が進むことが予想され、海岸付近の住民はその土地を失い、その他の住民も高潮による被害を受けるおそれがあり、潮の変化で周辺漁民にも影響を与える、などと指摘している。

そのうえで、「本件埋め立ての目的である原発・火発の建設及び埋め立て自体に、まだ科学的に未解決な問題が多数存在しており、その解決が十分につかない現時点で、これらの計画を強行することは、原告らの生活、土地、営業を破壊するものである。よって、本件免許の取り消しを請求する」と訴えている。

この訴えに対し、知事や裁判官、建設大臣、それに被告側に立つ弁護士たちがまともに向き合うことはなかった。審査請求と訴訟の原告弁護団長・安田純治は後日、こう振り返っている。

〈福島の公有水面埋立免許取消訴訟の特徴は、原告が皆、いわき市から相馬市までの地元の人だったことです。東京や仙台の環境保護団体や市民運動家は一人もいませんでした。これが一つの特徴でした。実はこの時、原告を集めるのに苦労しました。まだ住民にも余り切迫感なかったんですね。（略）われわれ弁護士も安斎育郎先生らをお呼びして、原子炉の仕組みや放射線防護学などの勉強を始めました。でも、弁護士には自然科学が弱い人が多いので、セシウムだとかストロンチウムだとか言われても、なかなか頭に入らない。でも裁判では必ず証人尋問をやらなければならない。そこには政府側の御用学者が出てきますから、弁護人は御用学者と物理学論争をやらざるをえないわけです〉

（『今　原発を考える――フクシマからの発言』クロスカルチャー出版、２０１３年）

却下された審査請求と訴え

こうして始まった建設大臣への審査請求と福島地裁への行政訴訟だが、審査請求は１９７４年5月29日、「免許取消の請求理由なし」として却下された。行政訴訟も、4年半、二十数回に及ぶ口頭弁論期日で論戦を交わしたが、１９７８年6月１９日、福島地裁は原告の訴えを全面的に却下する判決を下した。それまでの経緯を記す。

木村知事は審査請求を受け、2月26日付で建設大臣宛に「弁明書」提出を求められた。知事は約1か月後、①東京電力から「公有水面埋立免許願い」が提出された際、本件埋め立てに関わる漁業権、入漁権を有する関係漁協の同意書が添付されていた②地元町議会に意見を求めたところ、いずれも意見なし、同意するとの答申があった③付近海岸の影響調査を実施した結果、埋め立てが実施されても沿岸浸食を助長する要因は見当たらなかった——とする「弁明書」を提出した。

弁明書は最後に、「発電所の安全性及びその他の条件は、おのずから電気事業法及び核燃料物質及び原子炉規則に関する法律その他関係諸法の規制するところであって、埋立法はひとり埋め立てに関する規制法である。従って、請求人は法律の解釈を著しく誤り、かつ、主張しているところであり、本件免許の違法性の申し立ては全く理由がない」として棄却を求めた。

要するに、知事としては埋め立て要件を満たしているから許可を与えたまでなのに、請求人らは私の権限外である原発建設を許可したように錯覚している、との主張である。

「著しい法律解釈の誤り」と言われたことに対し、小野田三蔵ら請求人と代理人安田純治らは、5月9日付で「反論書」を建設大臣に提出した。

具体的には、①漁業権、入漁権を有する関係漁協の同意書が添付されているというが、漁業権に関しては、当該漁協の半数以上が出席した総会で正組合員の3分の2以上の多数による議決が必要だが、このような手続きがとられていない②地元町議会から意見なし、同意するとの答申があったというが、温排水に放射性物質が混入しない対策などを求めた富岡町議会の付帯決議や、海岸侵食への対応などを求める楢葉町議会の付帯決議を無視している③付近海岸の影響調査を実施したというが、東京電力の調査結果報告書と県の調査報告について生データが公表されていない——などと指摘。最後に、「埋立免許の目的として、原発、火発の建設が明示されている以上、その安全性を考慮に入れなければならないことは当然である（略）。住民の生活、健康を破壊することが明白なものを目的とした埋立免許につき、その目的と離れて独自に埋め立てのみを審査することがいかに不合理なものであるかは説明するまでもない」と結んだ。

しかし、この「反論書」も一顧だにされず、建設大臣・亀岡高夫の名で、「本件審査請求には何らの理由もない」として却下された。

一方、福島地裁への「公有用水面埋立免許取消訴訟」では、提訴から約3か月後の4月23日付で、被告福島県知事側から「答弁書」が提出された。原告らが求める公有水面埋立免許の取消請求には「何らの法律上の利益を有しないから、本件訴えを提起する適格を欠くものである」と、いわゆる「原告適格」問題を前面に出しており、行政訴訟の最も重要な争点となった。

かみ砕いて言えば、建設大臣や知事側は、免許の付与は海面を埋め立てて土地を造成することだけを審査すれば十分で、埋め立て後につくる建造物の審査は別物だから、埋め立てであなたがたの権利が害されたり被害を受けるならまだしも、それがない以上、あなたがたには埋立許可に関して異議を唱える資格はないのだ、と主張したのだ。

それに対し、小野田三蔵たち原告は、埋め立ての目的である土地に建設されるものまで審査しなければならない、と反論した。すなわち、埋め立てはその目的を原発・火発の建設であるとしているのだから、原発の安全性を考えることは当然のことであり、両者を切り離して考えるべきではない、埋め立ては原発建設の一つの過程にすぎない、との主張だ。そうでなければ、260億円もの大金を埋め立てにつぎ込んだ後になって、発電所建設が許可にならなかったとなれば、どのような事態が引き起こされるか。巨額の埋め立て費用が全くの無駄使いとなってしまうだけではなく、環境破壊だけを置き土産とすることになってしまう。埋め立ての許認可権を持つ県は、住民の安全、健康及び福祉のために徹底した原発の安全審査を行うべきだ、と言い続けた。

判決当日、福島地裁前庭は原告支援者と報道関係者でごった返していた。開廷から程なくして、1人の弁護士が飛び出してきた。手には「不当判決」の垂れ幕。福島地裁が出した判決は、被告・福島県知事木村守江の主張を全面的に採用した「原告適格なし」という原告全面敗訴の判決だった。

判決要旨は以下の3点だった。

ⅰ 埋立免許の取消しの訴えを提起できるものは、法律上の利益を有するものに限られる。しかし原告らにはそれがなく、単なる事実上の利益や反射的利益にすぎない。

ⅱ 原子炉に関する規制権限は内閣総理大臣に、放射性物質などの安全の規制権限は科学技術庁長官に属し、都道府県知事に権限はない。権限がないのだから、原告らの主張する原発・火発の危険性などは審査しえない。

ⅲ 海面の埋め立てや埋め立て工事に伴う環境権の侵害との主張は、一般的抽象的であり、法律上の利益にあたらない。

原発の安全審査の不十分さを指摘してきた原告にとって、そのことに全く触れないままの「門前払い」で、想定を上回る厳しい内容だった。

原告団は控訴するかどうか難しい決断を迫られた。というのは、公有水面埋立免許取消訴訟の提訴に続いて、その翌年の1975年、すでに東電第二原子力発電所設置許可の取消を求めて、総理大臣・三木武夫を相手にさらに規模の大きい訴訟を起こしており、二つの訴訟で同時に争う事態になっていたのだ。負担が大きいため、二つの訴訟を一本化する意見も出たが、控訴締め切り期日が近づいたため、とりあえず130名で仙台高裁に控訴した。

ところが、事態は思わぬ展開を見ることとなる。訴訟を起こす際には手数料として訴状に印紙を貼らなければならない。福島地裁では原告が何名いようと同額でかまわないとして受領されたが、仙台高裁は「原告の人数分に相当する印紙代を納付しなければ控訴を棄却する」と言い出したのである。この高裁の言い分に対して原告弁護団は、「個人個人が経済的権利を訴えようとしているのではないから、この訴訟には当てはまらない。原告それぞれが印紙代を払う必要はない」と判断していたが、こんな法技術的な問題で裁判所と争うより、第二原発設置許可取消訴訟に全力を傾注しようと、11月24日付で控訴を取り下げた。

こうして、約5年間にわたって争われた公有水面埋立免許をめぐる前哨戦は幕を下ろした。

原告教員を批判した教育長

なお、ここで提訴まもない1974年3月、福島県議会で次のようなやりとりがあったことを記憶にとどめておきたい。

定例県議会の代表質問2日目、滝正凞県議（自民党）が今後の原発行政の進め方を尋ねる中で、三本杉國雄県教育長に次のような質問を向けた。

「この訴訟の原告216名のうち、約130名が教職員によって占められているということでありま す。教員といえども現地開発について、大きな関心を持つことは当然であります。しかしながら双葉地域の電源開発と地域開発は、地域住民の多数の御理解と御支援によって進められているのであり、まして教師は反体制的な行動を起こす前に、教育者としての信頼を得なければならないと考えるのでありま す。教師は社会運動家である前に、教育者でなければならないと考えるのであります。東電福島原発が稼働している大熊町住民で原告に名を連ねているのはわずか5名でありますが、そのいずれも教員であると聞いております。このような教員の姿勢について教育長はどう考えているのか。率直にしてはっきりした答弁をいただきたいのであります」

答弁に立った三本杉教育長は、次のように語った。

「教職員といえども一般市民としての立場から、憲法に定める裁判を受ける権利を行使することは当然認められているという考えに立脚してのこととは思いますが、しかしながらいやしくも政治的中立を侵すことなく児童生徒の教育に専念し、もって県民の負託にこたえること、特に地域住民の信頼を得るようにつとめ、教職員の使命の遂行上、厳正な姿勢を保持することが緊要であることも論をまたないところであります。今後はこの方針に沿って指導の徹底をはかってまいりたいと存じておりますので御了承を願います」

（「福島県議会定例会会議録」 1974年2月定例会）

このやり取りを知った県立高教組の栗田茂委員長は、早速、「原発建設反対訴訟の原告団に教職員が加わっていることに対して教育長が行った県議会答弁には問題がある」として、次のような見解を表明した。

一、裁判の原告になるのは国民が等しく持つ権利である。
二、憲法に基づいた諸権利の行使は、教職員にもある。
三、その意味からも、原発反対訴訟への参加は当然である。

（「朝日新聞」福島版、1974年3月5日～6日）

後日、早川たちに、この件で指導とか不都合なことがあったかと聞いたが、「直接的なことは何もなかった」とのことだった。しかし、東北地方で最初に原子力産業会議に加盟し、双葉地方を日本最大の原子力センターにする構想を打ち出していた県知事ら原発推進勢力は、県立学校の教師たちが原発建設反対運動の先頭に立つ姿を実に苦々しく見ていたこと、それが県議会でのこうしたやりとりから伺える。

2 原子炉設置許可取り消し求めて提訴

いよいよ、17年9か月に及ぶ裁判闘争「福島第二原子力発電所原子炉設置許可処分取消請求事件」の第1ラウンド、福島地裁での闘いに移ろう。原発県連は、前述したように公有水面埋立免許取消訴訟に取り組みながら、「公聴会陳述意見に対する検討結果説明書」が出されれば、程なく原子炉設置許可処分が下されるだろうと予測していた。その際どう対応するか。すでに起こしている裁判に加えて、もう一つ、同時に新たな裁判に取り組まなければならなくなる。それだけの力があるだろうか。しかし、本命である第二原発建設阻止のためには、それを避けるわけにはいかない。そこで、原子力委員会が「検討結果説明書」を出したら、それを精査し、反論を加える形で、さらに規模の大きな訴訟に踏み切っていこう、との方針でまとまっていった。

1974(昭和49)年4月27日、「検討結果説明書」が出され、30日には予想通り「設置許可処分」が決定された。当時を振り返って事務局長の早川篤雄は次のように言っている。

「公聴会の検討結果説明書は素人の私たちが読んでも、全くいい加減で、説明にも何にもなっていない代物と思えるものでした。公聴会で出された疑問は責任ある部署で慎重に審査・検討したとあったのですが、原子炉の安全に係わることなどは東電が出した原子炉設置許可申請書の丸写しだったのです。審査すべきものが申請者の提出した書類の丸写しでは話にならない。にもかかわらず、それを受けて、時の総理大臣は、東京電力に対して発電炉の設置許可処分を出したのです。私たちは、科学者会議の批判を土台にして、今度は総理大臣・田中角栄を被告にして訴訟を起こすことにしたのです」

早川が言ったと通り、どうやら安全審査はずさんだったようだ。後に触れるが、この時係争中だった伊方原発訴訟では、原子炉安全審査委員会は半年間に7回だけの審査会で結論を出していたことが弁論期日で明らかにされ、9人の委員中、地震担当は全回欠席、他に6回欠席、5回欠席の委員が各1名おり、議事録もなかったという。この時の原子炉安全審査会長だった内田秀雄東大教授は、法廷で原告側から審査の実体を追求されて、しばしば答えに詰まる有様だった（上丸洋一『原発とメディア』朝日新聞出版、2012年）。

また、福島第一原発の爆発事故後のことだが、物理学者の桜井淳が気になって、安全審査期間がどうなっていたのかを調べ直したところ、次のようだったという。

〈（福島第一原発1～5号機の）安全審査期間はいずれも半年前後だ。しかもアメリカのようにプロの専任者が徹底的に審査するやり方とは違う。日本の場合、東大の研究者や日本原子力研究所の技術幹部が、非常勤で原子力委員会（当時）の専門部会委員を兼務して安全審査を行ってきた。会合はせいぜい月に一回程度だ。このような体制で、十分な審査がなされるわけがない。実際のところ、原子炉設置許可申請書を読んで追認する程度であって、審査の体をなしていないのだ〉

（桜井淳『原発裁判』潮出版社、2011年）

設置許可を受けて、原発県連のメンバー、とりわけ県立高教組いわき支部や相双支部の組合員は、浜通り各地の集会所などで開いてきた原発反対のサークル活動、学習会に参加した人々や、友人、知人、親戚縁者に声をかけ、裁判の原告を募り続けた。しかし、集会には参加したものの、「個人としては原発反対だが、親戚や周りの声もあるので」、「東電にお世話になっている身分だから」、「息子が原発の下請けで働くことになったから」と、原告に名を連ねることをためらう人や、一旦は委任状に判を押しても降りてしまう人もいた。そのうえ、「お前らいつから赤い奴らの仲間になったのだ」という、いわゆる「アカ攻撃」にさらされることもしばしばだった。一方、東京電力をはじめ、原発推進を唱える町長・町議会の「原発安全」ピーアールや「原発で豊かなふるさと」キャンペーンも、日ごとに大きくなっていった。

　このように推進と反対の声が渦巻く中にあって、原告団に加わる住民の数は着実に膨らんでいった。原告たちはいずれも、いわき市から相馬市までの浜通りの住民だったが、「公有水面埋立免許取消訴訟」の提訴時より農民や漁民も多く加わっていた点が異なった。小さな集会所で繰り返された原発学習会の場に安田ら弁護士たちも加わったことで、訴訟のイメージが少しずつ具体化されていった。

　60年代後半から70年代前半にかけて、日本列島は各地で公害問題が深刻化し、将来の農業・漁業に対する不安が広がっていた。そのことも、多くの住民が加わった背景にあった。

　１９７５年1月7日、福島地裁に提訴し、福島第二原発訴訟は始まった。伊方原発訴訟（１９７３年8月・松山地裁）、東海第二原発訴訟（同年10月・水戸地裁）に続く、日本で3番目の原発訴訟となった。

　原告は４０３人。いずれも第二原発の予定地である富岡町、楢葉町とその周辺に居住し、第二原発の事故発生の際はもちろん、平常運転時においても、大気や海水中に排出される放射能や海中への温排水によって、生命・健康・生活などに重大な影響を受けることを免れないものである。

　４万字に及ぶ訴状は、原告弁護団長・安田純治が言うように、「安斎育郎氏ら物理学者と弁護士の合作」だった。当時の司法当局や推進論者たちが少しでも虚心に耳を傾けていれば、３・11の原発事故による今日のような悲惨な状態は生み出されなかったのではないか、そう思えるほど、危惧すべき事態が言い尽くされていた。とりわけ緊急炉心冷却装置（ＥＣＣＳ）が作動しなかった場合を想定して警告するくだりは、まるで東電福島第一原発の爆発事故の実況を見ているようで、闘いの先駆性をあらためて感じさせる。

「総合的な審査必要」

訴状はまず、原発の「安全審査」についてこう指摘した。

ⅰ　原発が、核燃料の生産から発電、放射能の監視、温排水・廃棄物の処分、使用済み核燃料の輸送、廃炉の処理に至る全体システムの中で完結する以上、それらすべてにわたって安全性が実証され、科学的な究明がなされていなければ、安全性の確保が十分であるとは言えない。しかし、平常時運転で放出される放射能の生物に対する遺伝的影響もまだ究明されておらず、高レベル放射性廃棄物の処分や廃炉の処理についても見通しがないのが現状だ。

ⅱ　原発の安全審査に不可欠な条件は、原発のシステム全過程にわたって総合的に審査され、その審査は実証と科学に裏打ちされていなければならない。にもかかわらず、現行の安全審査は範囲が部分的で、総合性と科学性において重大な欠如をきたしている。

ⅲ　しかも、福島第二原発の原子炉は世界でもあまり運転実績のない大型炉であるうえ、第二原発の４基のほか、隣接する第一原発の６基、浪江町で建設予定の４基をあわせると、浜通り地方の南北20キロの狭い範囲に合計14基が集中することとなる。このような大型化・集中化は、出力増にともなう環境への日常的汚染の増大や、放射性廃棄物、使用済み燃料の加速的な集積、事故発生確率の増大などの問題を招かずにはおかない。

そのうえで、「福島第二原発原子炉の安全審査は、単独炉、ないし特定の発電サイドにかかわる全体システムの総合的、科学的審査にとどまらず、当該地域全体が原発の大型化、過密集中化によってどのような影響をこうむるのか、広域審査も含めて行う必要があるが、今回の審査では全く欠落している」と訴えた。

次に「設置許可処分」について追及する。

i　原子炉を設置することで住民が被害をこうむる恐れの最も大きな問題に「温排水」があるが、安全審査では温排水問題を検討していない。使用済み核燃料の再処理も環境安全上、極めて重大な影響を与えるものであり、原子炉の安全審査と一体のものとして考える必要があるが、適切に行われる具体的計画を欠き、審査もされていない。

ii　原発の設置は、それ自身の安全が確保されるだけでは不十分であり、発生する放射性廃棄物の長期にわたる安全な処理が必要だが、処理法が保証されていない。

iii　核燃料、原子炉圧力容器、蒸気発生器、一次系配管などの健全性、とりわけ配管が破断して冷却材がなくなることに対する安全防護設備が緊急炉心冷却系（ＥＣＣＳ）だが、米国では作動しない事故が起きて以来、安全審査基準を一部修正せざるをえなくなった。原子力委員会も、続発する事故・故障を受けて原子力施設の安全性を審査する体制に不備があることを認めている。

こう指摘したうえで、「現在の安全審査体制は米国の引き写しといえる審査基準、実働部隊のいない専門部会、実証データの極端な不足の上に成り立っているのが現状で、設備者側から出されたデータが審査結果書に引き写されている。根拠ある審査でないことは明らかだから設置許可は違法で、取り消されるべきだ」とした。

最後に、「手続きの違法性」に焦点を当てる。

i　現行の原子力委員会は、原子力開発を推進する側と規制する側との両方の役割を同時に兼ねているために、安全審査の体制全体にわたり不公正を生んでいる。

ii　本件許可に際しては、地震・津波・航空機墜落等の可能性から見た立地適正の検討が充分ではなく、気象条件・局地拡散気象の現地データによる裏付けが不足しており、燃料・廃棄物の輸送の安全性についての審査を欠いている。

iii　許可処分にあたり、労働者の被曝に関する安全審査は全く行われず、年間5レム以下に管理されていればよしとされている。労働者に対して、公衆の線量限度の10倍を許容することは、「被曝は可能な限り低く」という放射線管理の原則に反している。

そして、「審査は炉工学的安全性に限定され、それすらも、アメリカと東京電力の資料に依存した形式的なものとなっている。実質上審査が欠落していて許可処分の要件を満たしておらず、原子炉等規制法に違反することは明らか」と主張した。

訴状には「結論」として、こう記された。

〈原子力発電所が設置されることによって、その周辺の住民は憲法13条、25条に規定されている生命、自由及び幸福追求の権利、並びに健康で文化的な生活を営む権利を侵害されるおそれが極めて強くなる。（略）水銀やPCBなどは、その毒性の故にすでに一切の使用禁止措置がとられようとしている。これに反し、いわば大量の放射性毒物の製造装置である原子力発電所の設置だけが、相変わらず「公害のないエネルギー」との欺瞞（ぎまん）のもとに、次々建設されようとしている。特に福島県においては、世界に類のない大型化・集中化の計画も進行している。もしもこのまま進行するならば、福島は現在の産業公害と同様、あるいはそれ以上のものとして、放射能公害の一大実験場に化することは明らかである。よって原告らは、生命、財産及び健康的な生活、さらには生活環境を確保するため本訴訟に及んだものである〉

（「福島原発設置反対運動裁判資料」第1巻）

原告弁護団長の安田は、いま訴状を読み返し、地震・津波・航空機墜落等の可能性から見た立地適正の検討が充分ではなく、気象条件・局地拡散気象の現地データによる裏付けが不足している点を指摘したことについて、感慨ひとしおのものがあるという。3・11による原発事故を招いた「地震・津波」対策の不十分さは言うまでもない。「無風状態の中での放射性廃棄物の同心円状の拡散」などのデータが現実的でないことを追及するという点も、原告弁護団内部は一致していた。しかし、「航空機墜落等の可能性」については盛り込むかどうかは一致せず、議論の末に盛り込んだ。通常の航空機の事故ではなく、原発を狙ったテロ行為の可能性もあるのではないか、そんな意見があったからだ。

提訴から四半世紀後の2001年、「9・11事件」で航空機テロが現実に起きた時、「航空機墜落等の可能性」と「等」を加え、テロ事件の可能性も議論したことが鮮明に思い出されたという。

国の答弁書「原告にあらず」

提訴から3か月後の1975年4月11日、国からの答弁書が出された。国側弁護団が考え抜いた訴訟対策の基本方針である。それは、原発の安全性その他に関する科学論争は、裁判になじまないとして避けること、代わって「原告適格」問題を訴訟の前面に押し出すことだった。この「科学論争には踏み込まない」戦術は、伊方原発訴訟の弁論から学んだ苦い経験だった。すなわち「科学論争」に入る前に、周辺住民が原子炉設置許可処分を取り消せと訴える資格があるのかどうかを争い、そもそも住民には訴える資格などないとして門前払いを求める方針だった。

ちょうど1年前、「公有用水面埋立免許取消請求訴訟」での知事の答弁書と同じ主張だ。いや、それより数段も徹底して、「原告不適格」だけを言い続ける戦略だった。

答弁書は、原告の主張のほとんどについて争うと表明したうえで、こんな趣旨の反論を述べている。

〈事故防止対策として、異常の発生を未然に防止することはもちろん、仮に異常が発生しても周辺の公衆に放射線障害を及ぼさないように充分な防護策が講じられている。さらに、立地条件についても十分に公衆から離れているなどの条件を備えている。したがって本件原子炉は、その施設の位置、構造及び設備が核燃料物質や原子炉による災害の防止上支障ないもので、申請内容は原子炉等規制法などの基準に適合しており、設置許可処分は適法〉

裁判での審理対象については、こう主張した。

ⅰ　原子炉の設置許否が高度に技術的、専門的な判断を伴う中、司法判断はいかにあるべきか十分検討し、審理が際限のない科学論争に陥らないように論点の整理が肝要。

ⅱ　温排水は原子力の利用に伴う特有の事象ではないから許可基準と関係なく、使用済み燃料の再処理・輸送や固体廃棄物の海洋投棄と廃炉後の安全性、国の監視体制は、原子炉等規制法が設置許可の審査項目とする「原子炉施設の位置、構造及び設備」に該当するものではない。

ⅲ　したがって、原告らが指摘する諸点について安全審査が行われたかどうかは、本件原子炉の設置許可を違法ならしめる要素とはなりえず、それらの内容について審理する必要はない。

以上の点から、「核燃料の健全性の確保が困難だとか、原子炉の圧力容器の健全性が破れるとばくだいな量の放射性核分裂生成物の放出を招きかねないとか、冷却材喪失事故に関する複合現象が解析できるとは限らないというような一般論は、それ自体が原子炉設置許可を違法ならしめる事由とはなりえない。原子力委員会の体制に対する非難も、制度論ないし政策論ではありえても司法審査の対象にはなりえないものというべきである」とまとめている。

さらに、裁判所が設置許可の適法性に関連して安全審査の適否を審理することについても、「元来、司法裁判所は、行政に付託されている専門技術性の高い科学的問題についての行政庁の判断を審査し、その問題についての究極的判断を下すのにふさわしい機関ではない。かかる分野についての司法審査は、行政庁の判断が法令の規定にのっとり、合理的配慮に特段欠けることなく形成されているか否かに向けられるべきであり、これをもって足りるものというべきである」とした。

司法は行政の行為に対し、過度な口出しを慎むべきだということである。

口頭弁論始まる

答弁書が出されて約2週間後の4月28日、福島地裁で第1回口頭弁論が開かれた。原告側は、団長の小野田三蔵らが提訴までの経緯や思いを陳述した。

「私は電力の生産に反対しているのではありません。未完成な実験段階の原子力発電所を建設することに反対しているのです」と小野田は切り出した。そして、放射性廃棄物の処理・処分方法も分からず、今後何百年、何千年と残存するものを、せいぜい30年程度が寿命といわれるタンクに貯蔵して、敷地内に保管するしか方法がない、そんな段階の危険物を後世に残すわけにはいかないこと。第一原発で繰り返される事故や応力腐食割れによる配管の亀裂問題などを取り上げ、自分たちは勿論、先の公聴会における賛成陳述人の多くも不安を訴えていた事実。にもかかわらず、国・東電も県も町も、そうした住民の声に耳を傾けようとしなかったこと。富岡町議会に請願書一つ出すにしても、紹介議員を見つけるのも容易ではなかったことなどをあげて、ここに至っては、もはや裁判に訴えるしか方策がなかったことを語った。

（「福島原発設置反対運動裁判資料」第5巻）

これに対して被告・国側弁護団は、答弁書の要旨を説明した。事務局長の早川篤雄は、緊張しながらも耳をそばだてていた。原告の陳述は、まさに自分たちの思いそのものであり、痛いほどよく分かった。一方、被告弁護団の説明は「われわれと争う」と言うことらしいが、その内容はほとんど理解できなかったという。閉廷後、早川が安田純治弁護士にそのことを話すと、安田は「要するに、ありゃ、屁理屈、ただの屁理屈だよ」と言った後、答弁書が言いたいことは次のようなことだと話してくれた。

「ある家で夫婦喧嘩を華々しくやっていた。それを隣の家に住む人が心配して、何とかならないかと思ったとしても、当事者ではないから、余計な口を出すな、と言うことになる。これと同じように、今回の問題は、国と東京電力と間で設置許可を与える、与えないの問題なのだから、第三者であるおまえたち原告は余計な口を出すな、関係ないだろう。お前たちの権利など、具体的には何も侵害されていないだろうと、こういうことだ。だから、われわれは単なる第三者ではなく、その夫婦喧嘩で、日常的に不愉快な思いをさせられているうえに、投げられたもので家の窓ガラスが割られたり、怪我をしたりしないかと、安らかな生活を送れないでいる当事者なのだ、と主張している。もっとも　原発と夫婦喧嘩では規模も次元も違い過ぎるが」

これを聞いた早川は、「なるほど、あれは単なる屁理屈だったのか」と腑に落ちたという。

こうした流れを受けて、第2回口頭弁論（7月7日）で原告弁護団は被告側に対し、争う根拠をはじめ、原発の安全性が保証されているという根拠、審査に使用した資料の開示を求めるとともに、答弁書で示された「原告適格がない」という主張に対して反論した。

「原告らは原子炉設置許可の第三者などではなく、本件原発周辺に居住している者たちだ。原発はいったん事故が発生すれば、プルトニウムやいわゆる〈死の灰〉と呼ばれる極めて毒性の強い放射性物質を広範に放出する危険性をかかえている。事故の場合はもちろん、通常の運転時においても〈死の灰〉や放射性物質が漏洩した場合、最初に被害を受ける立場にあるものである。原告らに訴えの権利があることは明らかだ」

「原発の安全審査たるに値するものであったのかどうかが、まさに本件の争点。際限ない科学論争に陥ることのないように論点を整理すべきだとの被告の主張は、争点回避との批判を免れない。裁判所はその知見を補充するための鑑定、検定証人、検証等の方法を採用することができ、現実にも四大公害訴訟など〈専門技術性の高い科学的問題〉を含む事件について審理、判断を行っていることは公知の事実だ」

するとその3か月後、国側は準備書面で次のようなことを言い出した。

「原告らの主張は、いったん事故が発生すればとか、〈死の灰〉や放射性物質が漏洩した場合とか、単なる仮定の事実を前提においた危険一般に尽きるもので、具体的事実に基づかず、客観性のない、危ぐ、懸念のたぐいに過ぎない」、「原子炉によってその周辺公衆に何らかの放射線障害を及ぼすおそれのある事故が発生したことは皆無であり、多くの原子力発電所でいまだ事故が発生していないという客観的事実こそ、原告らの主張が仮定的脅威にすぎないことを論証している」

福島第一原発の1号炉（1971年3月～）と2号炉（1974年7月～）は、運転開始以来、前に触れた公聴会直前の地下廃液タンクからの廃液漏洩事故だけでなく、事故を繰り返しては運転停止を余儀なくされてきた。しかし東電は、「事故は一切起こっていない。あれは事故ではなく故障、問題事象に過ぎない」と言い続けた。

原告らは、取り返しのつかない事故が起こる可能性があるから、安全審査の不十分な原発に設置許可を与えるべきではない、と訴えているのである。第二原発はまだ建設もされていなければ操業もされていない段階だから、当然、「事故が発生すれば」と仮定形を取らざるをえない。現実に起こった後では遅いのだから。いわゆる四大公害訴訟が、現実に被害を受けた住民の救済を目的とした損害賠償訴訟であったのに対し、福島原発訴訟は、原子力公害の予防・排除を目的とした「差止訴訟」なのである。

しかもこの時点で、第一原発周辺の松葉からは、自然界で検出されても1ピコキュリー程度のコバルト60が、5～25ピコキュリー検出されたと、名大・古川路明助教授が日本化学学会で発表していた。にもかかわらず、国側は、事故もなければ環境への放射性物質の放出もなく、原発労働者の被曝もないことが原発の安全性を物語っている、と強弁したのである。

その後の口頭弁論で、原告側は第一原発で繰り返された事故例を示し、原子炉の安全性が実証されていないことを指摘しながら、原告適格を有することは明らかだから早く実質審理に入るべきだと言い続け、国側は原告適格がないのだから裁判を早く終結するべきだと言い続けることになる。

甘かった安全審査

それでも、口頭弁論で原告が追及を続ける中、原子炉の設置許可にあたって実施した安全審査に重大な手抜きがあったことが明らかになった。

1977年3月の第9回口頭弁論で、原告側は、緊急炉心冷却装置（ECCS）が有効に作動しなかった場合について質した。軽水炉の炉心からは高熱が発生し続けるので、再循環ポンプで冷却水を循環させ、炉心から熱を除去し続けなければならない。配管の亀裂や破断によって冷却水が失われる、あるいはポンプが故障して冷却水を循環できないなどの事故が生じた場合、緊急炉心冷却装置はそれに代わって炉心を冷却し、炉内の放射性物質が大量に外部に放出されないように、未然に重大事故を防止するための命綱である。

原告らは、緊急炉心冷却装置が働かなければ、炉心溶融→圧力容器溶融→格納容器破壊→放射性物質の大量放出となることは、それまでの原子炉事故の研究で明らかなのに、原子炉安全審査会の審査結果書が「炉心内の全燃料が溶融したと考えた場合にも、原子炉の格納容器は健全性を保持し、周辺住民には被害がない」と結論づけている点を問題視していた。どんな資料・根拠があるのか釈明すべきなのに、一向に釈明せず、事故想定の中で極めて重要な「緊急炉心冷却装置の不作動または有効でない作動」事故を想定しないとはどういうことか、原子炉の安全審査には不可欠ではないのかと迫った。

すると何と言うことだろう、国側の代理人が「緊急炉心冷却装置が不作動の場合は重大事故につながるが、そのようなことはありえないから、そのような審査は必要がなく、したがってしなかったのだ」と言ったのである。

この発言で、法廷がにわかに緊張したことは言うまでもない。国の審査のずさんさにあきれ、憤る声が傍聴席からあがった。原告弁護団は、緊急炉心冷却装置が作動しないということは、ありえないどころか、十分ありえることが最近の研究で明らかにされていると反論した。そのうえで、裁判所に要求して、「緊急炉心冷却装置が不作動あるいは有効に作動しない場合について審査、検討したか否か。審査検討をしたとすればその資料、根拠につき釈明を求める」と調書にとることを認めさせた。

迎えた第10回口頭弁論（1977年5月23日）の冒頭、被告・国は次のような短い釈明をした。

「本件原子炉で使用される緊急炉心冷却装置のすべてが全く有効に作動しなかった場合、どのような影響があるかについては具体的な評価はしていない」

評価しなかった理由については、「本件原子炉の緊急炉心冷却装置は、高圧炉心スプレイ系1系統、低圧炉心スプレイ系1統、低圧注入系1系統及び自動減圧系から構成されており、いかなる場合でも炉心を十分冷却できる性能を有することが確認されている」「同時に、所内の外部電源が喪失し、非常用のディーゼル発電機3台のうち1台が作動しないために、この発電機で起動するはずだった緊急炉心冷却装置が使用できないという極めて厳しい事態を想定しても、他の緊急炉心冷却装置によって炉心が十分冷却できることを確認した。このため、あえて緊急炉心冷却装置のすべてが全く有効に作動しなかった場合についてまで想定する必要はないものと判断した」とした。

これに対し、原告側弁護団が、緊急炉心冷却装置が作動することを前提にした安全審査では原発の安全性は保障できないと追及すると、国側は、もっと過酷な条件を仮定すれば不作動もありえるかも知れないが、そういう条件は「実際にはありえない」と答えた。

要するに、国としては、非常用のディーゼル発電機3台のうち1台が使えなくなるような厳しい事態も想定して安全と判断している、1台ですら使えなくなることは現実にありえないのに、どうして3台すべてが使えず緊急炉心冷却装置のすべてが作動しないようなことまで想定する必要があるのか、という主張だった。

驚くべきことに、国側はこの答弁から約2年間、こんな裁判は意味がないと言わんばかりに、法廷に顔を出しても準備書面を出すでもなく、反論するでもなく、ただ原告の主張を無視し続けるような態度をとり続けた。

預言者と先覚者

3・11の福島第一原発事故では、冷却材喪失事故が起こり、炉心を冷却することができなくなった。そのような場合、緊急炉心冷却装置が作動して炉心を冷却するはずだった。ところが、緊急炉心冷却装置を作動させる電源がなかったのである。まず、地震で受電鉄塔が倒壊して送電が不可能となり、外部電源が失われた。そのうえ、頼みの内部電源である非常用ディーゼル発電機3台すべてが作動しなかったのだ。発電機がオーバーヒートしないように冷たい海水を送って除熱するはずのポンプや冷却系が津波の直撃で壊れ、3台とも使用不能に陥った。その結果、全交流電源喪失状態となり、すべての緊急炉心冷却装置が作動しなかった。そして、原告弁護団が警告していた事態と寸分も違わない経過をへて爆発を起こし、環境に大量の放射性物質を放出してしまった。

事故後、安田弁護士は、訪ねてきた毎日新聞記者に1冊の準備書面を見せた。こう記されていた。

〈原子炉事故の中でもっとも過酷なものの一つは、冷却材喪失事故である。その際、緊急炉心冷却装置が作動しないことは十分ありえることである。緊急炉心冷却装置が有効に作動しないのは高圧注水系の故障と、外部電源が喪失し、非常用ディーゼルが作動しない場合の二つが考えられる〉〈緊急炉心冷却装置が作動しないと、燃料棒内の核分裂生成物の崩壊熱などのために温度が上昇する。被覆のジルカロイは摂氏1850度で融解し、一分程度で融解する。炉心全体を溶融するのには10分~60分かかり、炉心は溶融してひとかたまりになる。溶融した炉心は原子炉容器の下部にたまり、さらに発熱して圧力容器の底が溶融貫通の結果、多量の放射性物質が環境に放出される〉〈特に、溶融した炉心がひとかたまりになって原子炉容器底部に一度に落下すると、容器の底にたまっている水と反応して蒸気爆発をおこし、多量の放射性物質を吹き上げ、格納容器をも破壊し、環境に放出する〉

その準備書面は、アメリカでスリーマイル島原発事故が起こる直前の1979年3月、福島第二原発訴訟の口頭弁論で提出したものだった。

記者は「この段階で地震・津波、言ってますね。外部電力の喪失も言ってますね。燃料棒の冷却材喪失も言っています。水素爆発まで言っている。これ神さまだ。預言者ですね」と言った。安田はすかさず、「いや先覚者だ。科学の目で将来を言うかどうか、そこが預言者と先覚者の違いだ」と答えたという（宮本しづえ・目黒幸子「安田純治インタビュー」2011年7月）。

安田はその後も、折に触れてこう話している。

「先覚者というのは、いつの世も、その当時は受け入れてもらえず、悔しい思いをするものです。かといって、自分たちの正しさが証明された今、それ見たことかと喜べるかというと、そうじゃない。むしろ現在の心境はもっともっと複雑で、あいつらが言っていたことはウソだった、原発事故なんか少しも起こらなかったじゃないかと、むしろそうなってほしかった。それが言っていたとおり、悲しむべき事態になってしまった。こうなることは間違いないと言い続けてきたものの、それでも本当はこうなってほしくはなかった。こうなってほしくなかったからこそ言い続けてきたのだ」

第6章　スリーマイル島事故は影を落としたか

震災遺構となった請戸小学校。生徒全員が津波から無事逃れた

1 法廷外の原告たち

法廷でのやりとりをひとまず脇に置いて、浜通り地方の原告たちの法廷外での取り組みを紹介したい。福島市での公聴会を目前にした1973（昭和48）年9月、「原発・火発反対福島県連絡会」（原発県連）が結成されたことはすでに述べた。その会の中心にあったのが「公害から楢葉町を守る町民の会」などの地元住民組織であり、中核を担ったのが県立高教組の地元組合員である高校の教師たちだった。原発県連結成の際、「現地における反対運動やその組織強化・拡大に活動の基礎をおき、長期にわたって支援・協力を行う」と申し合わせていた。

公聴会に続いて、知事が許可した「公有水面埋立免許」を取り消せという訴訟を起こした際につくった「入会のしおり」でも、会の基本は「現地の反対住民が進める諸運動と協力・共同して、運動を効果あるものにしていく」とあるように、現地の住民運動との協力・共同の会だった。

その運動を引き継ぐかたちをとった福島第二原発設置許可取消訴訟原告団の運動も、同様に「原発立地地域にありながら、それに反対する住民の意思を核とする」ことを第一にしていた。

また、訴訟を起こすにあたって、弁護団と原発県連が繰り返し確認したことがあった。それは、裁判が始まると法廷での論争に関心が移ってしまい、弁護団だけが頑張ればいい、あとはその成り行きを見守るだけ、となりかねない。原発建設阻止運動は、裁判所の判決一つで勝利できるとか、逆に敗れたらそれで終わりというものではない。法廷と住民運動が互いに連動しあいながら、原発建設の阻止をめざして闘い続ける体制をいかにつくりあげていくかが課題だった。それだけに、地元住民運動に求められた役割は大きかったのである。

ところで、「住民の意思を核として」反対運動を進める。それは当然のことだが、住民の意思が一つであったわけではなく、実態に応じて運動を展開していくのはたやすくなかった。福島第二原発建設予定地の楢葉町、富岡町では、訴訟の時にはすでに地主たちが東京電力に土地を売却しており、土地所有者による反対運動は収束していた。したがって、反対運動を続けていたのは、建設予定地の近隣に居住していた周辺住民だった。しかも当時、その多くは農業を営んでいたが、原発建設が本格化するに伴って建設現場の土木関連の仕事に出るようになっていた。地域の働き手の3人に1人ぐらいはそのような仕事に就いていたという調査結果もある。ということは、身内や知り合いも含めれば、建設予定地域近隣のほぼ全家庭が何らかの形で原発建設にかかわっていたといってもおかしくはない。

ただ、農業従事者の多くはそうした零細兼業化を歓迎してはいなかった。むしろ、将来的には規模を拡大して農業を続けたいと願っている者の方が多く、当面の働き場として原発建設工事に就いているだけ、という複雑な状況にいた。もっとも、一旦農業を離れて現金収入になる原発労働を選択すると、再び農業に戻ることは減反政策もあって難しかった。一方、商店街など農業に携わっていない人たちにとっては、町が拓け、施設が次々に建てられていくことは、またとない地域発展のチャンスと受け止めていた。

そうした中で、ストレートに原発建設反対の声を挙げ続けることは容易ではなかったのである。当初は反対運動に参加していた農民や漁民も、裁判の長期化、原発建設の既成事実化が進むにつれ、少しずつ運動から遠ざかっていった。自ずと担い手は公務員、しかも小学、中学に比べて地元との関わりが比較的ゆるかった高校の教師たちと、その関係者にならざるをえなかった。彼らの多くは、地域の人々から必ずしも歓迎され、応援を受け続けていたわけでもなかった。むしろ反対に、「先生らは気楽でいいない。原発反対と呑気に言っていられるんだもの。俺らは原発で働かなければ飯食っていけない。その俺らが払った税金で」と言われたこともあるという。「違うんだ。原発はまだまだ未完成の施設なんだ。今にとんでもない公害を必ず起こす。今の段階での原発建設はダメだと反対しているだけなんだ」と言っても、耳を貸してもらえることは少なかったという。

それでも、同じ地元の人間として考えれば、やむをえないことだと思えていた。出稼ぎしなくてよくなったし、建設現場の作業員をやりながらでも食べていかなければならない。そして地域はどんどん発展していくように感じていた。その辺りの事情は同じ地域住民としてよく分かっていた。だから小野田や早川たちは、無理な会費徴収などはせず、あくまで自発的な参加と協力で運動を進めていこうと決めていた。そのうえ、原発反対の姿勢は堅持しつつも、町内会の諸係など地区役員の務めも進んで買って出ることにした。原発県連も原発訴訟団もそのことを了承していた。

月会費百円を募る

こうした状況で訴訟へと踏み込んだ原発県連としては、財政基盤の確立と事務局体制の再編・強化が緊急の課題となった。公聴会の段階では「事務局は現地を主体とし、福島市にはその委託を受けた個人数名で連絡組織をつくる」としていたが、訴訟を始めると、弁護団との連絡協議の必要が生じてきたうえ、「県連ニュース」を発行して運動を福島県全域に拡大していくため、福島市の県事務局の体制強化がどうしても必要になった。そこで新たに県事務局員を補充し、「組織・財政」「情宣」「公判」の担当者を明確にし、県事務局会議を定期的に開くことを決めた。それでもやはり、訴訟も住民運動も中心となるべきなのは原発の地元ということで、現地事務局の体制強化も求められた。

また、原発県連と原発訴訟団との関係は次のように取り決められた。「原発訴訟事務局会議」（通称・合同事務局会議）をつくって、訴訟にかかわる重要事項はこの会議で決める。構成は、原発県連の県事務局員たちと現地事務局代表、弁護団代表、原告団代表。こうして編成された合同事務局会議の顔ぶれは、原発県連の県事務局員が多く、弁護団といわき・相双地区の原告団や現地事務局との連絡調整、「県連ニュース」発行を担当した。

福島県浜通りの原発反対住民運動を担い、国策である原発を推進する巨大勢力＝巨象にいわば徒手空拳で挑み、17年9か月余りの裁判闘争を闘い抜いた現地事務局といえば、何かものすごい組織のように思われるかも知れない。しかし、当の本人たちに言わせれば、決してそのようなものではなかったという。３・11の原発事故後、相馬市に留まっていた新妻慎一（当時最年少の元事務局員）、大内秀夫（元県立高教組委員長）の２人と話した。すると、最初に口にしたことは、原発事故を防ぐために活動してきたのに、それができなかったという後悔の念だった。

「浪江の大和田秀文さんは、いつも虚しいという言い方をするんです。地元の浪江原発は阻止できたけど、結局隣町の双葉・大熊の第一原発事故で自分たちも避難しなければならなかった。われわれの運動は何だったのかと。要するに、第一であろうが第二であろうが、原発の集中立地地帯で事故が起これば必ずこうなる、といって反対運動をしてきた。それが阻止できなかったのだから、結果からみればボロ負けです。どう総括すればいいのですかねえ」

そのうえで、当時の仲間のことや会議の様子を話してくれた。

原告４０３名のうち、一番人数が多かったのはいわき市の住民だった。県立高教組いわき支部の佐藤光義、千葉章平らが積極的に参加者を募った。しかし、現地事務局はやはり、原発の足元の住民が担うべきだとして、相馬市から楢葉町までの相双地区住民で構成されることになった。１９７５年の提訴当時の現地事務局メンバーは10名ほど。小野田三蔵、早川篤雄をはじめとして、佐藤安司、青田勝彦、門馬洋、皆川輝男、桑折孝雄、新妻慎一（以上、県立高教組）、大和田秀文（中学教師）、馬場績（浪江町民）、石川勝範（小学事務員）、石田某（大熊町民）――。全員が20代から30代の若者だった。彼らの名を記しておく。

訴訟が本格化するに伴い、現地事務局会議も定例化され、約２か月に一度の裁判期日に対し、月１回は開かれることになった。会議の場所は、相馬市と楢葉町の間、浪江町にあったうどん店「大室屋」だった。当時の学校は、土曜日は半日勤務だったので、夜7時から開かれることが多かった。腹ごしらえにうどん1杯を注文すると、お世辞にも綺麗とはいえない2階の座敷を無料で貸してくれた。そこで各回の口頭弁論や報告集会の話を検討することもあったが、高尚なことばかり話していたわけではなかった、と笑いながら言う。一番多かったのはお金の話だった。裁判闘争資金をどう工面するか、そのためにも運動の広がりをどうつくりあげていくか、ということだったという。

原発・火発反対福島県連絡会の「入会のしおり」（1973年9月9日付）には、月額会費1口100円、とある。6年後には200円に値上げし、手間を省くために半年分まとめての納入をお願いしたという。しかし、無理な会費徴収はしないことを決めていたので、わずかな会費もどれだけの会員・支援者が納めてくれていたのだろう。県立高教組の組合員教師の中には、給料日になると職員の間を回ってカンパをお願いしていた者がいたし、原発県連も度々、「原発訴訟支援のためのカンパ協力」を呼びかけていた。それでも、口頭弁論の度に集まる弁護士たちの交通実費そこそこの謝礼金を賄うのも容易ではなかった。

県内各地での学習集会をもっと増やして支援の輪を広げること、裁判闘争だけでなく住民運動を大きくする必要があることなどが、合同事務局会議でよく話題になった。現地事務局代表として参加していた早川篤雄が現地に戻り、うどん屋の2階でそんな話を切り出すと、「そりゃそうだけど、そんなこと言われてもなあ」と、まず口火を切るのが大和田秀文だった。それから、答えの出ない話し合いが続いた後、「やっぱり、もうひと頑張りするしかないか」ということで落ち着くことになる。1週間の疲れがたまっているうえ、土曜日の午後は学校の部活動で練習試合などが組まれていることも多く、運動部顧問をつとめていた青田勝彦などはゴロンと身体を横たえながら話に加わっていたし、リュウマチで膝を痛めていた門馬洋はいつも椅子に腰掛けていた。

それぞれのスタイルで顔を合わせ、夜更けに意見を交わす光景が思い出されるという。

県の広報活動費は7千万円

これに対し、「日本列島改造論」を唱えた田中角栄首相以来、3・11原発事故が起きた2011年まで、国家予算から毎年、原発推進のための「広報活動資金」として福島県に配られていた資金は7千万円を超えていた。テレビや新聞への広告料や、原発施設の見学・研修費、文化講演会や「アトムふくしま」発行代など、「安全神話の垂れ流し」のために使われ続けた（福島県発行「原子力行政のあらまし」1985年度）。原発県連の月額会費1口100円に対し、毎年7千万円にのぼる福島県の原発広報活動費。まさに、巨象に挑む蟻（あり）たちの闘いだった。

また、裁判は当然のことながら、土曜、日曜ではなく平日に行われていた。そのため、団長の小野田や事務局長の早川らは年休を取って参加しなければならなかったし、傍聴人も同様だった。早川は裁判が続いていた間、「おかげさまで、お腹が痛いとか頭が痛いとかで休んだことは、たったの一日もなかった。年休はすべて裁判のために使った」という。

福島地裁に通うには、温暖な浜通り地方から阿武隈山脈を越えて行かなければならない。冬場には、鏡のように凍った山道の至る所に氷の塊が転がっていて、そこをタイヤチェーンで冬装備した車で通り抜ける。一歩間違えれば谷底に転落というのだから、相双地区の原告たちの裁判所通いは文字通り、危険と隣り合わせだった。第1回の口頭弁論以来、いわき市から欠かさず裁判に通っていた吉田信（県立高教組合員）は、「県連ニュース」の「傍聴雑感」にこう書いた。「年休の手続きをとり、往復7時間かけて福島地裁に駆けつけても、原告適格を欠くという国の主張のため、わずか30分余りで閉廷されることもあった。これは何だと拍子抜けした」。振り返れば、こうした事態が9年7か月続いたのである。

現地事務局員たちは、先生らは気楽でいいない、と言われつつも、「教員だからこそ生徒たちの前で胸を張れるようでなければならないことがある」との思いで取り組んでいた。その1人、小高工業高校に勤めていた佐藤安司は、下請けの清掃会社に就職して第一原発で働いている教え子が正月休みに遊びに来た際、話したことが忘れられない。

この教え子が上司に、低レベルの固体廃棄物のドラム缶が腐食していると伝えたら、「ガムテープを貼っておけ」と言われたという。そんな危険な職場に就職させたのかと驚き、あらためて原発の安全性と廃棄物管理の充実を求めなければ、と思ったそうだ。こうした思いに共鳴してのことだろう、同僚の教師仲間たちの応援はもとより、校長の中にも、「君らのやっていることは正しい」と励ましの声をかけてくれる人がいたという。

2 伊方原発訴訟判決と「レベル5」の原発事故

原告弁護団長・安田純治は、よくこんなことを口にしていた。

「裁判官というのはよろめきドラマの主人公のようなものなのです。よろめくことが仕事なのです。原告の主張に傾いてきたなと思える時もあれば、反対にだいぶ被告側に寄っているな、と思われる時もある。原告・被告双方の主張を聞いて、あっちにフラフラ、こっちにフラフラと、絶えずよろめいているんですよ。もっともそうでなければ困る。裁判官が初めから結論を持って法廷に臨んでいて、どちらの意見にも耳を貸さないのであっては、裁判にならないのです」

つまり、裁判の流れから「これは敗れるな」と諦めてもいけないし、「これは勝てる」と安心してもいけない。粘り強く頑張り、最後にフラフラする裁判官をこちらによろめかせることができるかどうか。そのうえで、いかなる判決が出てもしっかり受け止め、なおかつ自分たちの姿勢を崩さず、次の一歩を踏み出さなければならない。たとえ裁判で負けたとしても、自分たちが誤っていたと考える必要はない。もしその程度の覚悟も持ち合わせていないのなら、初めから訴訟など起こさない方がいい。むしろ、こんな判断しかできない裁判を変えていくような運動を展開しようと考えることが大事――ということだ。

提訴から3年、4年と経っても進展が見られなかった福島第二原発訴訟に、大きな「二つのよろめき事件」が起こった。一つが国側によろめいた伊方原発訴訟判決であり、もう一つが原発の持つ危険性を事実をもって突きつけたアメリカのスリーマイル島（TMI）原発事故だった。

まず、伊方原発訴訟判決である。松山地裁は1978（昭和53）年4月25日、福島に先立って原子炉設置許可処分取消を求めていた愛媛県の伊方原発訴訟で、国側の主張をほぼ全面的に認める判決を下した。提訴以来5年間にわたり、原子炉の設置を許可した国の安全審査は適法か違法かを争ってきた。住民側証人として、久米三四郎（核化学専門・大阪大講師）、星野芳郎（技術史家）、それに「熊取六人衆」と呼ばれるようになった京大の原子炉実験所の研究者たち（小出裕章助手ら）が法廷に立って論陣を張り、国側証人の東大教授や原研技術幹部と一大科学論争が展開された。この安全性をめぐる法廷論争は、国側が圧倒的に守勢に立たされ、国側代理人を務めた法務省の訟務官は「事情判決」をも覚悟していたという。それは、原発設置許可は取り消すが、影響の大きさを考慮して稼働は容認する、という判決だ（『原発とメディア』ほか）。ところが、松山地裁が出した判決は、訟務官ですら懸念した結果とは逆の「国の原発設置許可は妥当」と判断し、原告の請求を棄却した。

認められた原告適格

福島第二原発訴訟と同じ争点で、日本で最初の原発をめぐる判決だけに、その後の原発行政、原発反対運動にとっても大きな意味を持つものだった。原発県連の「県連ニュース」などによると、判決は、原告がいずれも伊方原発周辺に居住し、平常時でも事故時でも発病または死亡する蓋然性があり、原子炉等規制法が周辺住民の権利保護も目的としていることから、訴訟を起こす資格である「原告適格」は認めた。

しかし、原子炉の安全性の判断には高度の専門的知識が必要で、高度の政策的判断と関連することから、許可処分は国の裁量行為に属する▽平常運転時の被曝については、障害を与えることが判明している最低限の線量の数十分の一の範囲で許容被曝線量を定めることは違法ではない▽固体廃棄物については安全に貯蔵・保管でき、温排水の影響は安全審査の対象ではない▽緊急炉心冷却装置（ＥＣＣＳ）は事故に対して有効との国の評価は相当――とした。

判決はこのように、原告住民が訴えた原発の危険性、安全審査の違法性についての主張をほぼ全面的に退け、国側の主張をそのまま認めた内容だった。原告らは受け入れがたく、直ちに控訴に踏み切った。

福島第二原発訴訟団もこの判決を検討した結果、やはり極めて不当なものと受け止めた。

例えば、固体廃棄物の最終処分は安全審査の対象になるとしながら、伊方原発では審査していないことを違法と認めなかった。緊急炉心冷却装置の評価についても、原告は冷却材喪失事故（ＬＯＣＡ）に対して効果がない場合があると主張したのに対し、「有効性の完全な実験はなされていない」と認めながら「妥当性がある」としたのは論理的におかしい。とりわけ、原発の設置が高度な政策的判断だとして国の自由裁量処分とされたのでは、すべての訴えが却下されてしまう可能性が大きい。つまり、伊方原発訴訟判決によって、福島地裁の判事たちも国側に「よろめいてしまう」のではないか、と案じたのである。

しかし、この判決には一点だけ評価できるものがあった。それが「原告適格」を認めたことである。これまで何度も触れてきたように、福島第二原発訴訟では、国側が一貫して原告適格を否認し続け、原告の訴えを門前払いするよう主張していた。だが今後は、松山地裁が原告適格を認めたことを突破口として、原発の危険性、安全審査の不十分さを追及し、設置許可処分の取消を求めていくことを確認した。とはいえ、伊方判決から２か月後、先述した前哨戦である福島第二原発の「公有水面埋立免許取消訴訟」の判決があり、福島地裁は「原告適格がない」という理由で訴えを却下したため、先行きはまだ見通せなかった。

一方、「福島民報」は伊方判決の翌日、署名入りの社説「伊方原発訴訟判決の意義」を掲載した。〈一審とはいえ、日本のエネルギーの主役として欠くべからざる原子力発電所の正当性が立証された意義は大きく、今後のエネルギー行政に大きなはずみがついたことは間違いない〉〈現地の声を伝えた中には「裁判所は国に買われたんじゃ」との暴言さえある。公平である裁判否定の発言には耳を貸したくないし、そこまで感情的になっては「原告適格」を認めた裁判官に対しても失礼ではないかとさえ思えてくる〉。旗色は見事に鮮明だった。

実は、伊方判決から半年後の11月２日、福島第一原発でとんでもない事故が起こっていた。３号機原子炉の制御棒５本が脱落し、臨界状態が７時間以上継続する事故だった。しかし、東電はこの時も、１９７９年の３号炉、１９８０年の２号炉などで同様の脱落事故を起こした時も、「運転日誌」を改竄（かいざん）して隠した。原発の安全性だけを宣伝し続けていたのである。

大事故から学ぶべき教訓

そして1979年3月28日、「原発神話」を根底から揺るがし、世界中を震撼させた原子力発電所の大事故がアメリカで起きた。想定の規模を上回る過酷事故、スリーマイル島原発事故である。ペンシルベニア州サスケハナ川のスリーマイル島に建設され、営業運転開始から3か月を経過した二つの原子炉のうちの一つ、2号炉（加圧水型軽水炉、出力96万キロワット）の炉心が溶融して「レベル5」の事故となった。

事故は、二次冷却水を循環させるポンプの故障から始まった。二次冷却水がストップしたために発電用タービンが止まり、冷やされなくなった一次冷却水の温度と圧力が上昇しはじめた。そのため、格納容器内の加圧器の上方にある「逃し弁」が自動的に開き、水蒸気となった一次冷却水を放出しはじめた。一方、原子炉は、事故発生の10秒後には自動的に制御棒が降りて緊急停止した。これによって一次冷却水の温度と圧力は下がったが、加圧器の「逃し弁」が熱で開いたまま固着し、開け放されたままの状態になっていた。そのことに運転員が気づき、「元弁」を閉めるまでの2時間20分間、大量の一次冷却水が水蒸気となって失われていった。

一方、二次冷却水系では、ポンプ停止後、補助給水ポンプが作動を開始したが、運転員が出口の弁を閉めたまま運転していたため、蒸気発生器に水を送ることができず、蒸気発生器の中が空となり破損した。

さらに、原子炉の圧力が下がったために緊急炉心冷却装置（ＥＣＣＳ）が自動的に作動して、高圧水を炉に注入しはじめた。ところが、加圧器の水位計の針が水蒸気の膨張で振り切れたのを見て、運転員は、冷却水が過剰にあると誤った判断をし、ＥＣＣＳを手動で停止してしまった。

こうして原子炉内を循環する一次冷却水は、水蒸気となって流出する一方、新たに水が注入されることなく、原子炉は空だき状態になった。その結果、崩壊熱で燃料棒の3分の2が露出状態となって炉心溶融（メルトダウン）を引き起こし、放射性物質が環境に放出された。

緊迫の事態はすぐＴＶニュースで全米に流され、水素爆発によって原子炉建屋が破壊することも予想された。ペンシルベニア州知事が周辺住民に退避命令を出したのは、事故発生から2日半後だったが、多くの人はその前から自発的に避難をはじめ、少なくとも十数万人が安全な土地を求めてわが家を立ち去った（勝又進、天笠啓祐『原発はなぜこわいか』高文研、１９８０年など）。

この未曾有の事故から2か月後の5月28日、福島地裁で第17回口頭弁論が開かれた。もともとの予定では、裁判所がこの日に原告適格についての判断を示すことになっていた。国側が一貫して、原告らに訴える資格はないと主張して入口論争が続き、なかなか実質審議に入れないため、裁判所の判断で、この「原告適格」論争に一応の決着をつけることになっていたのだ。しかし、スリーマイル島原発事故は、「住民の訴えは具体的事実に基づかない危惧、懸念のたぐい」としていた国の言い分を、事実をもって覆すことになった。裁判所としてもこの事態を受け、どのように対処すべきか検討し、当分の間、原告適格についての判断を持ち越すことを決めた。

原告側弁護団は準備書面で、事故の経過を述べるとともに、「本件訴訟とスリーマイル・アイランド原発事故の教訓」として、具体化した周辺住民に対する三つの危険を指摘した。

第一は、発電所施設外への放射能の大量放出。米原子力規制委員会（ＮＲＣ）の指示で発電所が行った大量の放射能放出により、半径８キロ以内の妊婦と幼児に避難勧告がなされ、結果的に半径30キロ以内の全人口の３分の１にあたる20万人が避難するという重大な結果を招いた。

第二は、炉心溶融。破局的状態にいたる危険性が発生し、その危険が数日間も継続した（後の調査で危険性ではなく、実際に起きていたことが判明）。

第三は、格納容器の水素ガス爆発。今回の事故では、水素爆発による破壊と大量の放射能の放出という危険性が切迫していた。

そのうえで、国の対応について、日本の原子力安全委員会が事故翌日、事態の詳細も分からないまま、「今回の事故の発端のような事態がわが国の原発で発生しても、放射能が発電所以外に漏れ出すような最悪のケースは起こりえない」との吹田委員長談話を発表したことや、参議院予算員会の質疑で、各省庁が原発事故に関し、万一の際の周辺住民に対する具体的な対応策を考えていないと認めたことを指摘した。

日本側当局者のこうした対応が続く中、ＮＲＣは４月12日、米国のすべての加圧水型原子炉（ＰＷＲ）の安全性を緊急に見直す必要があり、日本に導入されたウェスティング・ハウス社製の原発の中にも安全確保の点で設計に疑問があることを明らかにした。この警告を受けて初めて、日本の科学技術庁、原子力安全委員会は緊急協議を始め、翌13日、科技庁長官が先の吹田委員長の安全宣言を公式に批判し、その翌日、唯一稼働中だった大飯原発1号機の運転停止を決定した。

被告国が原告らに訴えの利益がないと主張する最大の論拠は、日本でも世界でも、客観的事実として「周辺公衆に何らかの放射線障害を及ぼすおそれのある事故が発生したことは報じられていない」ということだった。しかし、スリーマイル島原発事故の不幸な事態は被告のこの主張を覆した。原告らの主張が単なる危惧、懸念ではなく、明日にも原告らに襲いかかるかもしれない現実的利益侵害の危険を主張したものであることが明確になった、といえる。

準備書面では、「スリーマイル島原発事故が示した問題の本質が、原子力発電所の有する危険の巨大性と、これを顕在化することを阻止すべく設計されたという多重防護システムの基本理念がことごとく破綻したことにある以上、本件の沸騰水型（ＢＷＲ）に置いても何ら変わることはない」と訴えた。

実態審理に入れば、国が審査にあたってスリーマイル島原発事故のような事態を全く予測せず、仮想事故想定でも周辺に被害は及ばないと過小評価していた事実が明らかになる。だから裁判所は、訴訟指揮で実態審理に速やかに入るべきだ――。原告団はそう要求した。

国「原因は操作ミス」

これら原告の主張に対して、国側はこれまでの沈黙を破り、久しぶりにまとまった反論を出した。その最後に、スリーマイル島原子力発電所の事故に触れ、次のような反論をした。

〈今回の事故原因は、二次冷却水の補助給水ポンプの出口側の弁が閉じられたままの状態で運転を行い、一次冷却系の圧力低下に伴って自動的に作動したＥＣＣＳを運転員が早まって手動で停止してしまったことなど、運転操作の誤り、設備の故障、設計の不備が重なったものと推測されている〉

〈今回の事故によって環境に放出された放射性物質の量は、敷地外の個人に対する被曝線量の最高値１００ミリレムより小さいと評価されている。これは、九州における自然放射線による年間被爆線量と同程度である〉

〈本件原子炉は沸騰水型原子炉（ＢＷＲ）で、蒸気発生器や加熱機を備えていないから今回の事故を直接当てはめて、その安全性をうんぬんすることは無意味だ。給水系の故障など今回の事故に類する事象について見ても、本件原子炉で今回の事故のような事象が発生するおそれは全くない〉

（準備書面の内容は「福島原発設置反対運動裁判資料」第１巻）

要するに、事故の主な原因は運転員の作業ミスで、放射能漏れは自然放射線による被曝量と同程度で心配はなく、スリーマイル島原発と福島第二原発はメーカーも原子炉の型式も違う、と言う主張だった。これ以降、国は、スリーマイル島原発事故は原子炉施設の基本設計に属するものではなく、本件訴訟とは何の関係もない、と強調し続けた。

しかし、少し考えれば分かるように、運転員の一つの作業ミスに始まる連鎖反応で、ＩＮＥＳ（国際原子力事象評価尺度）で「レベル５」が出るほどの過酷事故が起こるということは、原発推進論者たちが絶えず口にしていた「多重防護システムがあるから安全」という基本理念が破綻したことを如実に物語るものではないのか。運転員の操作ミスに始まる連鎖という点では、加圧水型であろうと沸騰水型であろうと関係はない。だからこそ推進側は、起こってしまった事故の影響は取るに足らないものだったと過小評価することが必要だったのである。

事故から約7か月後、米大統領特別調査委員会報告は、低レベル放射線の健康への影響は科学者間に違いがあると前置きしたうえで、「住民の体に無視しえるほどの影響しか与えなかった」とする一方、「原発はそれ自身の本質において潜在的に危険であり、大事故を防ぐための安全装置が整っているかどうか、絶えず問い続けなければならない。装置も人間も同等の重きを置いて取り扱われるような包括的なシステムが必要である」と、事故の教訓を述べている。しかし、この警告は、日本の推進論者に正面から受け止められることはなかった。

年が明けた翌1980年1月18日、原発県連は、知事に対して提出していた「原子力発電所に係わる申入書」をめぐって交渉の場を設けるよう迫った。申入書では、スリーマイル島原発事故調査団報告書（ロゴビン報告）が、住民避難の効果的対策、安全管理体制の改善が実現しなければ永久閉鎖、新設停止と厳しく要求していること、一方で、原発が集中する福島県浜通り地方は劣悪な雇用状態の下請け労働者が業務を支えていることを指摘し、いくつかの措置を要望していた。

具体的には、第二原発3号・4号機の「公聴会」を民主的なものにする▽住民と住民が依頼する科学者・技術者を加えた監視機関を設置し、立ち入り調査を制度化する▽原発事故に関する防災計画を住民

原発問題を考える県民の集い＝1980年2月、福島県富岡町

に徹底し、避難訓練を実行する▽下請け労働者の実態を調査し、劣悪な状態の改善を関係機関に働きかける▽再処理工場は誘致しない――などだった。しかし、県側は交渉を拒否した。

対県交渉拒否の10日後、地元漁業関係者らを驚がくさせる事実が明らかになる。東京水産大学の水口憲哉助教授らが、第一原発南側の排水溝から800メートル地点の海底砂泥とホッキ貝から、コバルト60とマンガン54の放射性物質を検出したと発表したのだ。「放射能漏れではないか」と大騒ぎになったが、後に県の調査で、原発労働者の作業服の洗濯水が原因で生態系への影響はない、とされた。しかし、ホッキ貝の売り上げは大幅にダウンすることになり、東京電力は、富岡漁協などの抗議で排水方式の改善を余儀なくされた。

原発県連は、こうした事態やスリーマイル島原発事故以降に高まった原発問題への関心や不安の声に応え、反対の声を広く県民に訴えていこうと、地元相双地区をはじめ県内各地で集会を持った。その一つ、2月10日に第二原発の足もと、富岡文化センターで科学者会議福島支部と共催した「県民のつどい」には120名余りが参加し、講師の安斎育郎（東大医学部助手）は「スリーマイル島事故と今後の問題」と題して、事故の教訓を話した。

予想外の原因の連鎖が予想外の大事故につながることや、福島原発でも住民避難を含めた防災対策の見直しが必要であること、電力会社の事故対応能力に大きな限界があることなどを指摘した。そして、「紀伊半島エネルギー構想」のもとに進められていた和歌山県各地での関電による原発建設の試みが反対運動で滞るなど、全国各地で住民運動が大きな力を発揮していることに触れ、福島でも原発反対の住民運動を粘り強く進める必要性を訴えた（「原発火発反対福島県連ニュース」第11号）。

着工認可に無力感も

しかし、福島第二原発訴訟団は相変わらず、厳しい法廷闘争を続けていた。被告・国はこれまでと同様、「原告適格問題」を言い続けて実質審理がなかなか始まらない。このため、法廷での論争を別世界の出来事のように感じる原告も少なくなかった。裁判の成果が上がらないまま、第一原発は1号機から6号機まですべて営業運転に入り、第二原発も1号機、2号機に続いて3号機、4号機まで工事着工が認可されてしまった。原発県連は、せめて係争中の事案に判決が出るまでは増設許可書を交付すべきでないとして、3、4号機の増設に異議を申し立てる署名運動を展開し、2週間ほどで1538名の署名を集めて通産省に提出したが、あっけなく却下された。そこで、県や町に着工を伸ばしてほしいと請願書を提出したが、省みられることはなかった。
生コンを大量投入し、もはや後戻り不可能と思える原発建設の大規模工事だけが着々と進んでいく。こうした現実を目の当たりにして、多くの原告が訴訟の無力さを感じ、虚しさを覚えた。「反対するだけ無駄」、そう思わせることも国や東電の思惑だったのだろうか。原告団の中には、「自分はもう降ります」と言う人もいれば、地裁判決が出る頃に「裁判、まだ続いていたのですか」と言う人もいた。
当時のそんな雰囲気を伝える回顧談が新聞に掲載された。あの「60人の証言」に連名で登場し、取水パイプ工事への疑問を綴っていた楢葉町のM氏とS氏が語っている。
〈長男を東京から呼び戻した。地元にはこれといった就職口はない。やっと見つけたのが東電の下請けで、福島第一原発構内の放射能測定などを行う環境整備会社だった。ある日長男が思いつめたように切り出した。「頼むから、原発反対運動を辞めてくれ」。原告団に名を連ねながら、法論議に終始する裁判に疑問も感じていた時だった。東京から無理やり引っぱってきた手前、息子の言葉には逆らえなかった〉（元国鉄職員・M氏）
〈公害から楢葉町を守る町民の会に参加、学習会などでも、原発の危険性について積極的に発言をしていた。実際に原発ができてみると、東電の従業員、家族などが自動車免許を取りに次々と教習所へ通ってくるようになった。「原発のおかげで飯を食っていながら、反対とはいいにくくなってね」。原告団を離れた〉（自動車学校指導員・S氏）
（「朝日新聞」1984年7月18日）

ようやく福島地裁で事態が動いたのは、提訴から6年以上が過ぎた1981年3月、第24回口頭弁論の場だった。

原告側は、国の「スリーマイル島原発は加圧水型で、福島の沸騰水型は大丈夫」との主張に反論する準備書面を提出し、意見陳述をした。それに対し、国側は「原告には訴訟を提起する資格がないと主張してきたが、そのことに関する裁判所の判断を示してもらいたい」と、原告適格を否認して裁判を終結するよう迫った。これに対し、裁判長は「原告適格の問題については判断を保留し、これから事案の中身の審査に入る」と述べ、被告の主張を明確に否定した。「裁判長が原告側へよろめいたか」と思わせる一瞬だった。

先の伊方原発訴訟の判決で松山地裁が原告適格を認めたことや、ありえないとされていた原発事故がスリーマイル島で現実に起こったこと、そうした事態の一つ一つを指摘してきたことが裁判官たちを動かしたのかも知れないと、原告たちは語り合った。こうして、次回の第25回口頭弁論から、いよいよ原発の危険性、設置許可処分の違法性をめぐって論戦が始まることになった。

始まった証人尋問

第25回口頭弁論は6月3日に開かれた。国側は、「原子炉の設置許可の違法事由の有無を論じる」として臨んだが、その基本的な主張は答弁書の繰り返しだった。中心的主張とも言うべき「原子炉設置許可に対する司法審査のあり方」では、「裁判官は全くの非専門家であることから」という表現を使い、素人の裁判官は高度なエネルギー政策に関する総合的判断や原子炉の安全性に対する専門的な判断などできないのだから、権威ある先生方がお墨付きを与えたものを認め、手続き上問題がないかどうかだけを審査すればいいとして、後は権威ある専門家の意見を披露した「準備書面」だった。

こうして裁判は実質審理に入り、証人尋問（1982年2月～1983年7月）の段階に進んだ。しかし、国側は「際限のない科学論争をするつもりはない」と言わんばかりに、わずか3名の証人を申請しただけに留まり、実際に法廷に立ったのはたった1人だった。それが都甲泰正（東大教授）だった。

都甲は法廷で、原子炉の設置・運転規則に関する諸指針は権威が高いものであること、安全審査の対象は基本設計に係る部分だけで原子炉施設の安全性すべてには及ばないことを強調したうえで、スリーマイル島原発事故は基本設計の誤りではなく運転管理上の誤りで、さらに事故は加圧水型の原子炉であって福島のような沸騰水型では起こりえないと判断できるとして、原子炉設置許可処分の正当性を保証した。

これに対し、原告側の合同事務局会議は、日本科学者会議の学者を中心に十数名を証人に立てることを決めた。本格的な科学論争に真っ向から挑む試みだった。弁護団の大学一、鵜川隆明、原告の早川篤雄、事務局員の齋藤直哉らが日本原子力研究所や東北大学に足を運び、証人を依頼した。中島篤之介（原研副主任研究員）、市川富士夫（同）、舘野淳（原研研究員）、角田道生（同）、高野道典（東北大金研助教授）、安斎育郎（東大医学部助手）――。裁判所から証人申請が認められ、次々と法廷に立って国側の主張に異論・反論を唱え、放射線防護、放射線化学、核燃料、炉材料など専門とする分野から、「許可処分」の不当性・不十分性を指摘した。

1982年4月、福島第二原発1号機がついに営業運転を始めた。その頃から、ほぼ毎月のように口頭弁論が開かれるようになり、審理は急ピッチで進んだ。

こうした中で、永田町の首相官邸で1983年7月27日、電源立地に功労のあった地方自治体の首長を表彰する「電源立地促進功労者」の表彰式が行われた。「アトム福島」（財団法人福島県原子力広報協会発行、第43号＝第53号から「アトムふくしま」）によれば、表彰制度は前年に発足したもので、今回表彰を受けたのは、内閣総理大臣賞が5首長、通商産業大臣賞が8首長だった。福島県では、遠藤正・大熊町長と遠藤景芳・前富岡町長が内閣総理大臣賞を受け、中曽根総理から感謝状が手渡された。

〈遠藤正大熊町長は、我が国最大の原子力発電集中立地地域である福島県の中にあって、県内最初の福島第一発電所の立地に多大の貢献をしたという功績理由、遠藤景芳前富岡町長は、福島第一原子力発電所と並ぶ大規模集中立地である福島第二原子力発電所の立地に多大の貢献をした功績理由によりそれぞれ受賞しました〉

（「アトム福島」第43号）

その3か月後、遠藤大熊町長は原子力安全功労賞の表彰で、科学技術庁長官賞も受賞した。福島地裁で原告側証人たちが次々、原子炉を集中立地させることがいかに危険であるかを証言しているさなかに、その大規模集中立地に功績があったとして表彰される。しかも表彰するのが、原子力発電を強引に導入しようとした中曽根康弘というのだから、なんとも奇妙な思いにとらわれてしまう。

福島地裁ではこの間、担当裁判長が3人替わり、その都度、これまでの経緯と主張点を説明しなおす場面もあった。3人目の後藤一男裁判長の時、変化が一つあった。結審直前の期日で突然、原子力発電所の現地検証が必要として、裁判官と原告、被告が一緒に現地検証を行うことになった。原告団はかねてから、巨大原発の集中立地状況を肌で感じてもらいたいと願い、現地検証を主張してきたが、受け入れられずにいた。それが、最後に実現するとは予想もしていなかった。それだけに、驚きとともに、これまでの訴えがようやく判事たちの胸に届き始めたのではないか、と期待した。

現地検証は1983年3月末、2日間にわたって行われた。地元の小野田三蔵、早川篤雄らが案内・説明に当たったことは言うまでもない。

最終準備書面を提出

その年の12月7日、福島地裁の法廷に原告団長、小野田三蔵の声が響いた。

原告団はこの日、争点ごとに主張をまとめた「最終準備書面」を提出した。「スリーマイル島原発事故の意味するもの」を冒頭に据え、「原子炉発電技術の未熟性」、「審査基準の見直しの必要」、「再処理・廃棄物処理・処分の見通しがないこと」、「労働者被曝の深刻さ」などを主要争点として全12章に及んだ。

最終陳述に立った小野田は、こう切り出した。

「裁判長は今年の春、第二原発の現場検証に来られた時、第二原発を見おろす高台から、私の住居の方角と距離を尋ねられたことを記憶されておられるでしょうか。私の住居からは、北の方角には第一原発が、南の方角には第二原発がありますから、私はどちらの原発で事故が発生しても放射能の危険から逃れられないことになります」

現地住民としての立場から、不安と苦しみを訴えた後、こう結んだ。

「東電も国も自治体も、どこも信頼できなかったのです。最終的に、法廷で我々の言い分を言う以外に道はなかったのであります。正直に申し上げて、私たちにはこの8年間、本当に長かったです。また苦しかったです。当初、本格的な専門科学や法律の論争について行けるだろうかという不安がありました。私自身をこの8年間耐えさせたものは何かと考えてみますと、訴訟を準備しているときでした。様々な困難が予想されて、私には自信がないということを、そこにいた原告予定者のみんなに訴えたのです。その時、私のそばにおられた弁護士の大学先生が、『小野田君、常識で考えておかしいことは、おかしいんだよ。だから、頑張ろう』という意味のことを私に言われました。この8年間、私はこの言葉を時おり思い出して参りました。常識で考えておかしいことに、我々の生活や生命がかかっているとしたら、私は行動しないわけには行きません」(『福島原発設置反対運動裁判資料』第5巻)

一方、国側も「最終準備書面」を出したが、当初から主張し続けていた「原告らの主張は具体的事実に基づかず、従って客観性のない、危惧、懸念のたぐいにすぎない」という文言が消えていた。スリーマイル島原発事故が起きた以上、さすがにはばかられたのだろう。

双方の「準備書面」などをもとに、それぞれの主張を要約し、記しておく。

〈原告適格〉

原告　原子炉施設周辺の住民は、平常運転でも常に放射能の危険にさらされている。事故になれば、放射性物質で自分たちだけでなく子孫も生命、健康に著しい被害を受ける恐れがあり、このような施設を許可しないことを求める権利がある。

被告　法律（原子炉等規制法24条1項）で保護しているのは、周辺住民の個人的権利ではなく、一般的な災害防止という公益なのだから、原告の主張する利益は法律上保護されたものではなく、そもそも訴える資格はない。

〈安全審査の対象範囲〉

原告　原子力発電は、核燃料の生産から原子炉の運転、使用済み燃料の処分、廃炉の処理・処分に至る全体システムで完結する以上、そのすべてが総合的に審査されなければならない。そのうえ、当該地域では大型化・過密集中化が進められているので、広域的な安全審査も欠かせない。

被告　原子炉設置許可処分は、原子炉施設の安全性に関する事項に限定されるべきだ。そのうえ、安全審査は分野別・段階別に個別の法律で規制されているのだから、本件審査は原子炉本体の「基本設計」ないし「基本設計方針」に限定されるべきだ。

〈設置許可処分に対する司法審査〉

原告　応力腐食割れや圧力容器の危険性に対する審査も、それに対する防止策も不十分であり、緊急炉心冷却装置の有効性を前提とした審査は違法だ。国がなすべきは、専門技術的スタッフが自ら資料を収集・調査して問題を審査することで、司法はそのような審査が行われているか否かを立ち入って審理すべきだ。

被告　原子炉の設置を認めるか否かの決定は、高度な技術的、専門的判断を伴うものだから、行政の自由裁量行為に属するものである。したがって司法審査は、行政庁の判断が法令に基づき、合理的配慮に特段欠けることなく形成されているか否かを審査すれば足りる。

〈許可手続き〉

原告　許可処分にあたって住民参加、資料公開が行われていない。これは原子力基本法に定められている原子力の三原則（民主・自主・公開）に違反している。

被告　原子力三原則は、原子力の研究、開発及び利用に関する基本方針を述べたものであって、住民参加や資料公開などを義務づけたものではない。

〈事故防止・安全対策〉

原告　被曝放射線量が一定量以下であれば放射線障害が発生しないという限界線量（「しきい値」）は確定しておらず、障害が見出されていないことが低線量放射線が無害の証拠とはなりえない。原子炉の暴走、空だき、緊急炉心冷却装置の不作動による放射性物質の大量放出の危険性対策は不十分。原発労働者の被曝問題も深刻で、この点からの安全性も問題にするべきだ。

被告　平常運転で放出される放射能の量は、放射線障害を及ぼす恐れがない線量をはるかに下回るよう管理されている。事故防止対策は、未然に防止することはもちろん、仮に異常が発生しても、「多重防護」の考えに基づいて安全確保対策は十分にとられている。労働者の被曝問題などは存在しない。

〈スリーマイル島原発事故〉

原告　被告は、事故が起きていないことが何よりも原発が安全であることの証明としてきたが、スリーマイル島原発事故はこれまでの安全神話崩壊の象徴だ。その事故検証で安全評価方法や多重防護システムの不十分さが明らかになった。加圧水型、沸騰水型を問わず、軽水炉発電技術は未成熟な技術だ。

被告　スリーマイル島原発事故の決定的要因は、「人為ミス」であるから、本件原子炉の設置許可処分に係わる基本設計や基本的設計方針とは関係がない。まして、バブコック・アンド・ウィルコックス社製の加圧水型原子炉と、国産（東芝、日立）の沸騰水型原子炉という、メーカーも原子炉の型式も異なるものを共通に論ずることは無意味だ。

3　現状追認した福島地裁判決

福島地裁の判決を2週間後に控えた1984（昭和59）年7月8日、福島市にある福島大学教職員会館に、原告団地元代表の小野田三蔵、早川篤雄、大和田秀文、門馬洋をはじめ、弁護団、県連事務局、科学者会議福島支部のメンバーら総勢二十数名が集まった。最終の打ち合わせを行うためだった。

弁護団から、現地視察の実現などで期待される面もあるが、全体としては厳しい判決が予想される、との話があり、その場合、原告団はどうするつもりかと話が向けられた。控訴するかどうか、それは原告団としても地元事務局会議で何度も議論を繰り返してきたことだった。すでに相当の経済的赤字をかかえているうえに、長引く裁判で原告団の多くは疲弊し、「原発銀座」も既成事実となってしまっている。さらに控訴審を闘うとどうなるのか、財政負担の問題や今後の運動のあり方など、心配の種は尽きなかった。それでも、ここで断念して、もしもその後、原発に何かあったなら、それこそ取り返しがつかなくなるとの思いが強かった。9年半も異議を申し立ててきたことを自ら無に帰したくない。控訴に必要な印紙代を考慮して控訴人数を絞ることになったとしても、納得できるまで裁判闘争は続けよう、と話し合っていた。

「判決内容をよく見て、不服だったら控訴しようと思っています」。事務局長の早川が答えると、誰からも異議が出ることはなかった。弁護団からは、控訴手続きのため緊急に準備しなければならないことが説明された。地区ごとに手分けして原告一人一人に当たり、控訴の意思を確認して訴訟費用を準備してもらう必要があった。打ち合わせを終え、早川の車に相乗りして浜通りへ帰る原告代表たちは、いつもと違って口が重かった。

7月23日、福島地裁には26枚の傍聴券を求め、早朝から大勢の人々が集まった。傍聴券のくじ引きが始まった8時40分には、150名もの市民が長い列をつくっていた。その中には、県立高教組や科学者会議福島支部、福島ＹＷＣＡなどの支援者をはじめ、伊方原発をかかえる四国電力の社員2名も飛行機と新幹線を乗り継いで駆けつけて並んでいた。地裁構内にはテント村も出現してテレビ局はじめ報道陣でごった返し、スリーマイル島原発事故後、初めてとなる判決の瞬間を待った。

一審判決を受け、抗議の幕を掲げる早川事務局長＝1984年7月23日、福島地裁

午前10時に開廷すると、後藤一男裁判長が主文を読み上げた。

「原告らの請求を棄却する。訴訟費用は原告らの負担とする」

この後、法廷で「判決要旨」が書記官から原告、被告に渡され、双方が食い入るように目を通し始める。原告・傍聴席からは、失望とともに深いため息がもれた。その間も、裁判長は判決要旨を淡々と読み上げていった。

開廷から10分後、事務局長の早川が「不当判決」の垂れ幕を手に、厳しい表情で法廷から出てきた。「極めて厳しい不当判決。全くの期待外れ。スリーマイル島事故の教訓も、何もかも全く生かされていない」。裁判所前で待ち構えていた原告と支援者たちは、黙って早川の報告に耳を傾けた。誰からも声は上がらず、配られた「判決要旨」を目で追い続けた。頃合いを見計らって、報道各社がマイクを向けると、原告たちから次々、怒りの声があがった。「近くの住民の不安や疑問に何一つ答えていないし、向き合おうとする姿勢もない」、「ただ国の言い分をなぞっただけだ」、「核燃料サイクル全体の審査を抜きに、どうして安全と言えるのか」。

判決を終え、原告団は県労働福祉会館で、小野田、早川と安田純治弁護団長らが記者会見を開き、「住民の生命を守る立場に立たず、真実にくみしない判決に怒りを禁じえない」とする抗議声明を発表した。続いて、約百人が出席して「報告集会」を開いた。弁護団は「判決は、安全審査の対象は原子炉の基本設計とその方針に限られる、という枠を設定した国の主張に基づいた論理を展開している。核燃料サイクル全体を審査しなければ安全とは言えない、という主張はすべて退けられた。法規に則ってやれば問題はないという判決内容は受け入れられない」と報告した。支援者からも、「敗れたとは言え、これだけ原発裁判の意味が世間に紹介された例はない」、「本件の許可処分後にスリーマイル島原発事故が現実に起こったのに、許可処分の是非を考える際の対象外としているのはおかしい」などの意見が相次いだ。

最後に、小野田がこう言って集会を締めくくった。

「今日の判決をそのまま受けいれ、納得することなど到底できません。控訴します。しかし、様々なことを考慮して、30人前後に絞って控訴せざるをえないでしょう。たとえそうであっても、思いとしてはこのまま400人で闘っていきましょう。さらなる御支援をお願いします」

「安全審査は適法」と判断

判決は争点をどう判断したのか。判決要旨（福島地裁民事1部）などをもとに、核心部分を記しておきたい。

〈原告適格〉原子炉の災害で公共の安全が害される危険が発生すると同時に、個人的利益が侵害されるおそれも生じると考えられる。原子炉等規制法24条1項は、公益とあわせて周辺住民の個人的利益をも保護しているとみなすのが妥当で、原告らは本件許可処分の取消を求める原告適格を有する。

〈訴訟の審理、判断の対象〉原告らは、自己の利益に関係する安全審査の事項についてのみ違法事由を主張できるのであって、自ずと本件訴訟の審理判断も、安全審査の対象事項に限定される。本件原子炉設置許可に際して安全審査の対象となるのは、原子炉施設設置に関する分野で、原子炉施設自体の基本設計ないし基本的設計方針に係る安全性に限られる。

〈司法審査の方法〉原子炉設置許可処分は、広汎かつ高度な原子力行政に関する政策的事項についての総合的な判断と、原子炉の安全性に関する専門技術的事項についての総合的判断に基づいてなされる裁量処分と解される。専門的技術及び知見は不断に進歩発展しつつあるので、許可要件をあらかじめ法律で定めておくことは判断の硬直化を招き、適切な審査を行うことが困難になるおそれがあるため、内閣総理大臣の専門技術的裁量にゆだねられたものと解される。

〈許可手続き〉原子炉設置許可処分は、法令に従い、原子力委員会、原子炉安全専門審査会の審査を経て、適法な手続きで行われたものと認められる。

〈許可処分の適法性〉安全審査で、東京電力に本件原子炉を設置するために必要な技術的能力があると認めた判断、平常運転時の安全確保・事故防止対策でも、多重防護の考えをもとにした安全対策やECCSによる安全対策が十分に講じられているとした判断には合理性があり、設置許可処分は実体的にも適法である。

〈スリーマイル島原発事故〉 炉心損傷の重大事故にまで至らせた決定的要因の大部分は、具体的な運転管理に係る事項（人為ミス）であり、背景的要因の一部に原子炉施設の基本設計に係る事項がないとは言えない。しかし、事故は主として運転管理という詳細設計以降の段階に発生原因があるのだから、この事故発生以前になされた本件原子炉施設の基本設計の安全審査の合理性が失われるものではない。

スリーマイル島原発事故という、これまで想定してきた事故の規模をはるかに上回る過酷事故が現実に起こった後だというのに、「安全審査手続きに違法性がない」「原子炉の基本設計に問題はない」で済むものなのか。そこが争点として問われたのに、表面をなぞっただけの現状追認判決だったといえる。膨大な判決文は、原発の安全性を検討する中で原告側証人の意見に触れているが、それも結局は国側の都甲泰正証人の意見で打ち消すために引用したような印象を受ける。

原告らはまた、原子力発電の安全性は、核燃料の生産から廃炉の処理・処分という「全体システム」にわたる安全性が確保されているかどうかを審査すべきだと主張したが、判決は「原子力発電に伴う危険の大きさを考慮すると、一つの考え方として認めうる余地もないことはない」としたものの、原子炉等規制法が分野ごとに安全性を審査するとなっている以上、当該処分の安全審査は原子炉の基本設計ないし基本設計方針だけで十分とした。

被曝労働者問題も退ける

もう一つ、原告団として力を入れて訴えてきたことの一つに、下請け労働者の被曝問題があった。発電所内では、専門的技術的作業を除く放射能関連作業には、下請け労働者が従事していた。正社員1人に対して下請け労働者は5～7人といわれ、彼らは日常的に汚染物の洗濯、放射性廃棄物の運搬、所内外の掃除などに携わった。定期検査や点検、事故などで原子炉が停止すると、臨時雇いの労働者が急きょ増員され、補修、修理後の除染、廃棄物の処理などにあたった。被曝リスクが伴うにもかかわらず十分な安全教育を受けていなかった。むしろ、放射線の恐ろしさへの無知を利用され、危険区域での作業に従事させられていた、と言った方がいいかもしれない。下請け労働者には病気になる者や死亡する者もいたが、被曝との関連はあいまいに処理されていた。弁護団の大学一弁護士が中心になって、弁護団、科学者会議福島支部、現地事務局員、地元支援者が3～4人で一つのチームを組み、こうした実態の調査を重ねた。

調査を進める中、午前中は細々とした実態に至るまで過酷な状況を語ってくれた下請労働者が、昼食をはさんで午後に再度訪ねると、これ以上何も話すことはないと、口をつぐんでしまうことも度々あった。おそらく昼食の間に口止めされたのだろう。二次冷却水のパイプの修理にあたった下請け労働者からは、作業を終えた後、体や道具を洗い落とした後の水を海に流していた、との証言も得た。この労働者は、東電職員から「インクを茶碗に落とすと水が濁って汚れるが、タライに落としてもほとんど水の色は変わらない。タライではなく太平洋に流すのだから影響は全くない」と教えられたという。

下請け労働者、日雇い労働者の多くは、実は周辺地域で雇われた地元住民だった。したがって、彼らの命にかかわる問題は、地域全体に何世代にも影響を及ぼす恐れがある問題でもあったのである。弁論ではこれらの調査をもとに、国の安全審査は労働者の被曝実態や安全教育も対象にすべきだと主張していた。

しかし判決は、原告が自ら下請け労働者として働く可能性を説明していない点を指摘したうえで、「原告らの主張する労働者被曝に係る問題は、原告らの具体的利益に係るものとはいえないから、原告らは右の点に関する本件安全審査の違法を理由として許可処分の取消を求めることはできない」として、訴えを門前払いした。

判決の日、原告の一人でいわき市から傍聴に通い続けた県立高教組の吉田信は、「重い歳月」という詩を詠んでいる。

故郷の海岸線は原発の銀座になり　人々の素朴な暮らしのありようも
人々の目付きも　心なしか変わってしまった十年だった
私たちの一生にも限りがあるから　誰にとっても十年は永かった
だが　慣れない金策に駆けまわり　署名を集め　勉強会もする

この十年がなかったら　私たちの人生はやせほそったものになっただろう
それにしても空しい判決だった　空しさはどこから来るのか
裁判官が真実から眼をそむけたから　権力に尻尾を振ったから
空しいのは彼らであって　私たちではない

〈真実〉はいつも少数派だった　今の私たちのように
しかし原発はいつの日か　必ず人間に牙をむく
この猛獣を　曇りない視線で監視するのが私たちだ
この怪物を絶えず否定するところに　私たちの存在理由がある
私たちがそれを怠れば　いつか孫たちが問うだろう
「あなたたちの世代はなにをしたのですか」と

（「福島県立高教組」機関紙）

一方、この詩とは対照的な論説が判決の翌日、「福島民報」に掲載された。筆者は同社の常務取締役編集主幹・河田亨である。

〈福島原発訴訟に判決が下った。「原告敗訴・請求棄却」。国の主張がほぼ全面的に認められ、原発の安全性がむしろ明確にされたのである。率直にいう。予想通り、当然の判決だった。もっと強くいえば「当然のことが、改めて裁判長の口から重々しく、難しい文句でいわれたにすぎない」のである。（略）原子炉設置にかかわる国の裁量権や許可審査手続きなどについても、原告の主張は言いがかりにすぎなかった。もし原告の言い分を裁判所が認めれば、逆に司法は行政権への不当介入のそしりを免れない。原子力政策は洋の東西、政治体制の違いを問わず、政府の裁量にゆだねられている。（略）今回の福島原発訴訟は一部マスコミが大騒ぎ、あおり立てた割には、静かに幕をおろした〉

3・11の原発事故後、その足元で暮らしていた住民がどのような苦しみを味わったかを知る者にとって、何度読み返しても言語道断の論説といわざるをえない。同じ日付の社会面で、「安全求め闘う先生たち」「働く教え子のため　新たな運動へ決意」との見出しで判決を報じた「朝日新聞」とは、その姿勢はあまりにも違っていた。

第7章　司法の「厚い壁」

双葉駅前の店舗跡に、励ましの壁画が制作された

1　チェルノブイリ事故と高裁判決

原告たちにとって、福島地裁から仙台高裁へと一歩を踏み出すことは簡単なことではなかった。気持の上でも、さらには即物的な訴訟費用の捻出という面でも、大きな壁が立ちはだかっていた。

北に第一原発、南に第二原発と二つの原発に挟まれて暮らす原告団長・小野田三蔵は、自らが最終弁論で訴えた「原発は未完成な実験段階の施設」という一言を裁判長の口から聞きたかったのだと言う。しかし判決は、訴え続けた安全性への不安にも疑問にも理解を示さず、請求を棄却した。こんな判決を得るために頑張ってきたのか、一体何のために9年半も闘い続けたのか――。そんなやり場のない悔しさは、小野田に限らず、現地事務局の早川篤雄も大和田秀文も抱えていた。

それでも、判決翌日から早速、控訴手続きのために忙しく走り回らなければならなかった。先述したように、福島地裁では原告の人数にかかわらず同額の印紙代だったが、仙台高裁では原告の人数に応じた印紙代を求められた。最終的に、控訴締め切り日までにその意思を確認し、印紙代を準備できたのは33人となり、その大半は教師だった。仙台高裁での闘いが何年続くのか、その先にどんな判決がくだされるのか、裁判官は耳を貸してくれるのか。考えると気が重くなるばかりだった。

その頃も、第一原発では原子炉の事故が相次ぎ、運転停止を繰り返していた。

裁判は子孫への伝言

控訴に必要な準備を整え、地裁で手続きをとるために福島市の安田法律事務所を訪ねた時、事務局長の早川は、苦しい胸の内を鵜川隆明弁護士にぶつけた。すると、鵜川はこう言った。

「早川さん、裁判というものはね、子孫への伝言だよ、伝言。いま実現しなかったからといって、諦めてはいけない。ああ、あの時にこんなことを言っていた人がいた、こんな風に頑張っていた人がいたと、その思いを残し、伝えていくことが裁判なんだ」

これを聞いた早川は、確かにそうだと思った。自分たちの代で公害の芽を摘んでおきたかったが、志ならず実現できなかった。しかし、なんとかして悲惨な事態を防ぎたいと踏ん張り続けた人たちがいた。その思いをあなたたちが受け継いでほしい、という伝言。それこそ、裁判を続けている意味なのだと思えた。地元に戻った早川は、鵜川の言葉を小野田だけでなく、現地事務局員たちに次々伝えた。

実は、この話には裏話があった。現地事務局員らの背を押した鵜川の言葉、「裁判は子孫への伝言」は、弁護団長の安田純治が鵜川ら若手弁護士を励ますためにかけた言葉だったのである。

地裁判決後、担当弁護士たちの落胆ぶりもひとしおだった。なかでも、大学一弁護士とともに弁護団事務局として会議などのお膳立てをしてきた鵜川の落ち込み様は、相当なものだった。裁判で鵜川は、浜通りの原発集中化問題を担当し、14基の原子炉を集中立地させながら全体を一つの施設として規制する視点がなくていいのか、と追及した。しかし判決は、集中立地問題にまともに触れないまま請求を棄却してしまった。落胆する姿を見て、安田の掛けた言葉が、「鵜川君、裁判は子孫への伝言だよ、伝言」だったのである。これに励まされた鵜川が、今度は早川たちを同じ言葉で励ましていた。こうして、「裁判は子孫への伝言」は原告関係者の間で広まり、いつのまにか、「伝言」は「遺言」に変わっていたという。

難問のもう一つが財政問題だった。地裁審理の9年半に係わった弁護士・証人には、ほぼ無報酬の手弁当状態で足を運んでもらっていた。弁護団長の安田と福島地裁近辺を歩いたことがある。その時、安田は侘しい宿屋を指して、「東京から証人として来ていただいた先生に泊まっていただいた宿です。ここを通るとなんとも申し訳ない気持ちにさせられる」と漏らした。安田が自ら宿を手配し、証人たちを迎えたというのだから、他は推して知るべしである。

それでも交通費と弁当代ぐらいは工面しなければと、その場でどうしても必要なお金は事務局長の早川が立て替えるようなかたちで用立てしていた。原告や支援者からの会費やカンパだけでまかなえていなかった。舞台を仙台高裁に移すにあたって、現地事務局で収支決算したところ、何と200万円の累積赤字だった。これをどうするか、さらに今後どうするか。例によって、浪江町のうどん屋の2階に何度も集まり、知恵を絞った。

事務局員で負担を分け合う覚悟をするしかない、という話も出た。そうこうするうちに、妙案が出された。大和田の記憶では、「あれは確か、慎ちゃん（最若手の事務局員・新妻慎一）のアイデアだった」のだが、新妻は「ぺエぺエのわたくしごときものが、そんな大それたアイデア言い出すはずがありません」と否定して早川だろうと言い、早川は「誰だったかなあ」とおぼつかない。いずれにしろ、全員が飛びつくアイデアだった。

それは、「1口1万円の債券らしきもの」を発行しようという金策だった。購入協力者が必要になった時には、いつでも1万円をお返しする。要するに「1万円の借用書」を出して支援者からカンパしてもらおうという案だった。「借用」というかたちにすれば、カンパする方もされる方も、お互い気持ちは少し楽になるのではないか、という狙いは的中した。最終的に300人に及ぶ支援者からカンパが集まり、累積赤字を補填するとともに、裁判を続ける資金として使うことができた。余談だが、「貸した1万円を返してほしい」という申し出は、2件しかなかったという。

こうして、仙台高裁での控訴審は1984（昭和59）年8月に始まり、1990年3月の判決までの5年7か月に及んだ。原告弁護団には、新たに仙台弁護士会所属の弁護士たちも加わり、弁護活動は強化された。控訴審の間、17回の口頭弁論が行われたが、その都度、団長の小野田や事務局長の早川、それに数人の原告や傍聴支援者も仙台に足を運んだ。控訴審での原告・被告の争点は、一審と同様、原告適格問題や安全審査の基準・対象範囲、安全審査手続とその実質的内容などだった。

これらについて地裁と同様の審理が進む中、原発の安全性に対する信頼を根底から揺るがす重大事故が国内外で相次いで起こった。一つは、世界中を驚がくさせたチェルノブイリ原発事故であり、もう一つは東京電力福島第二原発3号機の再循環ポンプ破損事故である。

地裁段階とは大きく状況が変わり、原発推進勢力にとって大打撃になるものと思われた。しかし国は、福島地裁でのスリーマイル島原発事故をめぐる主張と同様、ソ連と日本とでは原子炉の型が違う、メーカーが違う、安全対策・管理体制が違いすぎる、人為ミスに過ぎないなどと繰り返した。二つの原発事故をめぐってどんな論争をしたのか、簡単に触れたい。

国「チェルノブイリと炉型違う」

まず、チェルノブイリ原発事故は1986年4月26日、旧ソ連のウクライナ共和国キエフ市北方に位置する町で起きた。事故直後から大量に放出された放射性物質は、放射能雲として西から北西方向に流され、ベラルーシ南部を通過してバルト海、さらに海を越えてスウェーデンにまで流れた。ソ連政府は発生の2日後、拡散を受けてこれ以上の情報統制は難しいと判断し、事故発生の事実を公表した。その後も放射性物質は広がり、ヨーロッパ各地や日本でも観測された。

事故から4か月後、ソ連政府が国際原子力機関（IAEA）に提出した報告によれば、事故原因は次のように説明されていた。原子炉を停止して保守点検中に、運転作業員が誤って制御棒を引き抜きすぎ、異常が発生したら原子炉を自動停止する装置を遮断するなど、重大な規則違反を繰り返した。このため、出力が急上昇して暴走状態となり、燃料棒が破損して水素爆発などで原子炉とその建屋が一瞬のうちに破壊された。引き続いて黒鉛の火災が発生したことで、放射性物質が発電所外に大量に放出された。この事故で、急性放射線障害により原発職員や消防士203人が入院し、そのうち31人が死亡した。周辺住民も約13万5千人が避難を余儀なくされた。その後も放射能汚染や被害は拡大し続けたという。

原発県連は、事故発生から1か月後の5月26日、原発立地自治体と福島県に対して、原発計画の見直し、原子炉の停止・点検などを求める11項の要望書を提出したが、無視された。7月には県議会に「8項目の請願書」を提出し、緊急時避難道路の建設・整備や、事故時の速やかな情報提供を国に要請することなどを求めたが、不採択となった。

原告たちは1988年10月7日、こうした事態を踏まえた「最終準備書面」を仙台高裁に提出した。特に強調したのは、スリーマイル島原発事故に続き、チェルノブイリ原発事故が現に起こったという事実だった。原発の未成熟性を証明していること、多重防護が安全ではなく無力であること、国の想定を超えた大規模事故は日本でも起こる可能性があり、そのような大規模事故を想定していない国の安全審査には欠陥があることを訴えた。また、事故の主原因を運転員の作業ミスとすることは、事故の本質を見誤らせる責任転嫁であることも付け加えた。


一方、国や東京電力は次のような対応を見せた。

まず東京電力は、事故発生から約1か月後、パンフレット「うらなぎ」を地元に配布し、「事故はソ連という社会主義国の旧い型の原子炉で起きたもので、炉型が違うなど条件が異なる日本では起こり得ない安全なものです」と訴えた。

原子力安全委員会は、「ソ連原子力発電所事故調査特別委員会」（都甲泰正委員長）を設置して調査を進め、特別委員会は事故の1年後、「我が国においては、今回の事故に関連して、現行の安全規制等を早急に改める必要のあるものは見いだせない。また、防災対策を変更すべき必要性は見出せない」とする最終報告書をまとめた。日本の原発に安全宣言を出したといえる内容だった。

こうして国は、控訴審でも一審同様の主張を続け、福島第二原発では起こりえない事故であり、本件の原子炉設置許可処分とは無関係である、と主張した。

第二原発で再循環ポンプ破損事故も

もう一つの福島第二原発3号機の再循環ポンプ破損事故は、控訴審の結審から3か月後の1989年1月6日に起きた。「福島民報」も、「この20年に及ぶ県内での原発の歴史の中で例のない事故。わが国の原子力開発史上でも初めての重大事故」（1990年10月25日）と表現する深刻な事態は、どのようにして起こったのか。「毎日新聞」の連載「揺れる原発銀座」（1989年3月2日〜4日）と「読売新聞」の連載「検証福島原発　第一部・事故はなぜ起きた」（1989年4月19日〜5月8日）などをもとに再現すると——。

午前4時20分、福島第二原発3号機、4号機の中央操作室内に、異常を知らせるアラームが鳴り響いた。調べると、原子炉の炉心冷却材（一次冷却水）を強制的に循環させる再循環ポンプが異常振動を起こしていた。

炉心から発生する高熱は、冷却水をポンプで循環させて除去している。この原子炉では、その冷却水の増減と制御棒の出し入れで出力を調整しており、冷却水の量は、炉心外に設置された再循環ポンプの羽根車の回転数で調整する仕組みだ。そこでまず、操作員が羽根車の回転数を下げて原子炉出力を下げていくと、振動は安定したものの警報値はなお超えたままで収まる気配がなかった。現場情報をもとに東電本社で検討した結果、午前10時、原因がつかめないまま原子炉停止を指示、現地では正午から制御棒を作動させ、原子炉の停止操作を始めた。午後7時頃、問題のポンプは停止し、翌7日午前3時47分、原子炉は止まった。

ところが、再循環ポンプの異常振動はこの日に突然起こったのではなく、予兆があった。5日前の1日にも3号機の再循環ポンプの異常を知らせるアラームが鳴っていたのだ。その時は、運転マニュアル通りにポンプの回転数を下げて出力を落としたところ、異常振動は警報値以下に収まった。ただ、その後も振動値は不安定だった。おそらくこの時点で、再循環ポンプ内の回転軸を支える水中軸受けと羽根車の破損事故は始まっていたとみられる。

最初の異常は4日にようやく本社に報告されたが、7日に定期点検が予定されていたためか、出力を下げてそのまま運転を続行していた。1日の時点で対処していれば、緊急停止させるまで悪化しなかったのではないか。経済性のために安全確保を二の次にする体質の現れといえ、「東電は一円を稼ごうとしたために百円損するハメになった」と関係者の間でささやかれたと言われる。原子炉を停止させ、再循環ポンプを分解して点検したところ、ポンプ内の回転軸を支える水中軸受リングが破損していた。また、水中軸受を取り付けるボルト8本のうち5本と座金5個の脱落・流出、さらに羽根車の一部欠損と摩耗が判明した。流出した部品や金属片がどこにいったのか、その時点では見つけ出すことができなかった。

しかし問題は、それだけに留まらなかった。

事故発生通報の不備など、事後対応のまずさも次々と明らかになる。まず、東電がこの破損事故を公表したのは、事故発生から1か月も経っていた。それまでも事故を繰り返す度に、地元立地自治体に迅速な連絡を約束してきたが、またも裏切られたのだ。事故公表後、富岡町議会と楢葉町議会はそれぞれ全員協議会を開き、東電側の出席を求めて事故報告させた。その後、両町とも「東電との信頼関係は崩れた」として、「原発安全対策特別委員会」を設置した。楢葉町の結城定重町長は「原発の誘致、建設まで県は一生懸命だったのに、建設後の安全性は全くの東電任せ。われわれ立地住民の理解、協力を得るためにも、佐藤栄佐久知事は現地にきて現状をつぶさに見るべきだ」と、県の原発行政にも不満をぶつけるようになった。一方、佐藤栄佐久知事も、後の著書『知事抹殺』（平凡社、２００９年）の中で、「事故の情報は福島原発から東京の東京電力本社、そこから通産省、そして通産省資源エネルギー庁から福島県、とえんえん遠回りで、地元富岡町には、最後に県庁からやっと情報が届いたというていたらくだった。県も、富岡町も、原発に対し何の権限も持たず、傍観しているよりほかないことが明らかになった出来事だった。目の前にある原発に、自治体は全く手が届かない」と記している。

町長といい知事といい、いずれの言い分もその通りだったと思う。しかし、どこまでその言い分を信用したらいいのかとなると疑問が残る。というのは、福島大学の教官たちが県に提出した「原子力行政における地方自治体の主体的な対応の要望書」への県の回答は、国の報告をなぞるだけで、県当局の没主体的な姿勢が一貫して窺われるものだったからだ（清水修二『差別としての原子力』リベルタ出版、2011年）。佐藤知事が原発そのものに懐疑的な立場を表明するまでには、あと10年の歳月を必要とした。

事故発表から10日余り経ち、東電本社の池亀亮・原子力本部長が佐藤知事を訪れた。池亀は東電に原子力発電課が設置されて以来の専門家で、福島第一原発の所長を務めたこともある技術者だった。報告後の会見で、「安全性が確認されれば、座金が見つからなくても運転を再開することはありうる」と発言し、地元自治体と県議会は猛反発した。

さらに、東電は事故から約2か月後、破損・流出した再循環ポンプの部品のほとんどを再循環系配管などから回収したが、約30キロの金属片は原子炉圧力容器内に流入していたと発表した。金属片が炉心内で見つかり、回収は一筋縄ではいかないという内容で、地元の不安は一層高まった。最も心配されたことは、金属片が燃料集合体（燃料棒）に与える影響だった。

この事故を受けて、「毎日新聞」（3月4日付）は4人の専門家の意見を伝えた。

内田秀雄原子力安全委員長「水の中なので抵抗が働いて、大きな損傷にはつながらないと思う。一次冷却水の放射性物質濃度も基準値を下回っており、集合体被膜にピンホール（穴）があるとは、今のところ考えられない」

近藤駿介東大教授「海外の原子炉では炉内に異物が入り込むのは珍しいことではないし、国内の原子炉だってサビが出ることは日常的にあり、今回のケースが即危険とするほどの問題ではない」

田中光彦元原子炉設計者「設計者の立場から言えば、一円玉一つ落とせば、その原子炉は使えないと考えるのが常識」

小出裕章京大原子炉実験助手「福島第二の3号機は最近、自動停止や手動停止を繰り返しかなり燃料集合体の皮膜は弱っているはず。金属片をたとえ除去しても、運転を再開した途端に損傷する危険は大」

3・11の原発事故後の構図を読んでいるようで感慨深い。

原告団は3月9日、仙台高裁に対して、「3号機事故は安全審査の不十分さを示すものだ」として、結審していた控訴審での弁論再開を申し立てた。原告代理人の一人、小野寺信一弁護士は、「再循環ポンプは沸騰水型原子炉の泣き所。最近、同ポンプの事故が他の原発でも続発しており、国の安全審査の不十分さを示すもの。裁判での重要な新証拠だ」と中立理由を述べた。また、7月には、福島大学の教官たち151名も連名で、仙台高裁に「弁論再開を求める訴え」を送付した。

しかし仙台高裁は、これらの要望に応えることはなく、判決予定を1年ほど遅らせ、翌1990年3月20日と指定した。この決定を知らされた段階で、原告たちは厳しい判決を予想せざるをえなかった。

判決「日本で起こりえない」

控訴審判決の当日、いわき市平の市民会館を午前8時に出発した貸し切りバスは、国道6号線を北上した。途中、第二原発、第一原発のある楢葉、富岡、大熊、双葉、浪江、小高などで原告らを乗せ、昼

控訴審判決の法廷に入る原告団。訴えは再び棄却された＝1990年３月20日、仙台高裁
（朝日新聞社提供）

ごろ、総勢44人で仙台高裁に到着した。チェルノブイリ原発事故以降、世界的にも反原発運動が広がりを見せる中での司法判断だけに、裁判所が原発の安全性にどれだけ踏み込んだ判決を出すのかが注目されていた。しかし、その判決は想像以上に浅く、説得力のない内容だった。

午後1時30分に開廷すると、石川良雄裁判長は「主文　本控訴を棄却する」と告げ、小さな声で判決文を読み上げ始めた。原告席と傍聴席の支援者たちから、またも深いため息がもれる。事務局長の早川は険しい表情で、裁判長の口元をにらみながら耳を傾けていた。1時46分に法廷を閉じ、「原子炉施設を安全と判断した国側の原子炉設置許可処分は適法」とした一審判決を支持し、住民側の控訴を棄却する言い渡しが終わった。

控訴審で最大の争点となったチェルノブイリ原発事故について、判決は「運転員の6項目にわたる運転規則違反が挙げられ、炉の設計上の問題点に加え、安全思想が希薄な管理体制の下、運転員が意識的に多数の重大な運転規則違反を重ねたことによって生じた」と判断し、「本件原子炉施設の基本設計については、事故の発生を防止するための安全確保が十分に施されていることが確認されており、チェルノブイリ事故の発生で本件安全審査の合理性に疑義は生じない」とした。

安全性については、「原発が安全であるというためには、安全性の認められる基本設計に厳密に従って、詳細設計、建設、運転がされなければならない。したがって、各段階の関係者は最善の努力によって安全を確保していかなければならない。例えば、破損してしまうような再循環ポンプを製造してはならず、チェルノブイリ原発の運転員のような間違いを犯してはならない」と述べた。

判決は原告の主張をことごとく退け、国(東電)の言い分を全面的に受け入れて、日本では起こりえない事故だと断じたのである。そのうえ、「チェルノブイリ原発の運転員のような間違いを犯してはならない」とか、第二原発3号機の再循環ポンプ破損事故に関しては、「破損してしまうような再循環ポンプを製造してはならない」との一言で終わり、という有様だ。人為ミスや製造ミスが引き金になって大事故が起こったというのに、ただ「事故を起こさないようにしなさい、そうすれば事故は起こらないから」と、訳がわからないことを言っているようなものだ。

このような判決の中で唯一評価できるのは、安全性に関連して、「本判決は基本設計のみを対象として安全性があるというにすぎない。現実に建設され運転されている原発が安全性を有するか否かは別問題である」としたのである。これは一面では、現状の原発システム全体が安全であると司法が保証したわけでないこと、現実に運転中の原発の安全性には疑問を差し挟む余地があることを示したともいえる。

しかし、もう一面では、これほど無責任な判決はないのではないか。地元住民は、基本設計が安全かどうかを判断してほしいと訴えているのではない。安全審査に手落ちがなかったかどうかを判断してほしいと言っているのでもない。運転中の原発が事故ばかり起こしていて心配だから「設置許可を取り消してほしい」と訴えていたのだ。ところが高裁は、「司法が判断するは基本設計のみで、しかも許可処分の手続きが法令に従っているか否かだけを見ている。それ以上のことを求められても、ないものねだりです」と、「司法の限界」「裁判の無力さ」を表明したのである。裁判所のあからさまな「安全審査放棄宣言」に等しいといえる。

裁判長「原発推進は必要」

しかも、判決理由の最後に、石川裁判長からとんでもない発言が飛び出した。突然、原告が求めていない「原発推進は必要」という自論を説き始めたのである。唐突さに廷内はざわつき、初めは苦笑いしていた原告たちも、次第に怒りの表情を濃くしていた。あの時から30年を経た現在でも、原告団の誰もが忘れることのできない一場面だという。こんな趣旨のことを述べた。

「我が国は原子爆弾を落とされた唯一の国であるから、我が国民が、原子力と聞けば、猛烈な拒否反応を起こすのはもっともである。しかし、反対ばかりしていないで落ちついて考える必要がある。（略）

火力発電は地球環境を汚染するので、原発は危険だが、火力発電は安全だ、とはいえない。これに対し、原子力発電は核分裂によって生ずるエネルギーによって発電するもので、燃焼を伴わないから、二酸化炭素や硫黄酸化物・窒素酸化物を発生させず、火力発電のように地球環境を汚染することはない。ただし、原子力発電は放射性廃棄物の処理、使用済み核燃料の再処理という困難な問題を生じている。結局、研究を重ねて原発の安全性を高めなければならない」

法廷を出た原告団は、怒りが収まらない。記者団に囲まれた小野田は、「話にならない」と一言吐き捨てると言葉が続かない。「厳しいとは予想していたが、これほどひどいとは。ガッカリした」と言うのがやっとだった。他の原告からも「東電の宣伝パンフレットよりもひどい」、「まるでお説教」などの声が次々に上がった。

この後、原告団と弁護団は、高裁のすぐ北にある仙台弁護士会館で記者会見を行った。原告団長の小野田が声明を読み上げた後、「先ほど弁護士の先生たちと相談して、速やかに上告手続きをとることを確認しました」と述べると、支援者たちから拍手が起こった。事務局長の早川は、「住民の不安を直接聞いてもらえるのは、法廷しかないのです。だからこそ、わたしたちはこうやって頑張ってきたのです。どうして、こんな判決で引き下がることができますか」と声を震わせた。

一方、記者団からは、「法廷闘争だけでなく、もっと他の反原発市民運動との連携も必要ではないか」との質問が相次いで出された。「脱原発東電株主運動」などを提起した「脱原発福島ネットワーク」や、「ヒロセ・タカシ現象」などと言われた女性たちを中心に広がった反原発市民運動などとの連携を念頭においた質問だった。それに応えて、小野田は「裁判での勝ち負けだけが、最初から目的ではなかった。われわれの目的は、あくまで大気中に放射性物質を放出させないこと。この一念だけでやってきた。国や東電に対して、それなりのブレーキをかけさせてきたことに、裁判を続けたことの意味があると考えている」。早川は「裁判所が何と言おうと、地域住民のなかには不安をいだいている人も大勢います。東電の社員でさえも、原発に不安を持っている人はいます。そんな人たちとも一緒に、幅広い住民運動を模索していきたい」との覚悟を述べた。

翌日の各紙は、「推進必要と異例会見」（読売新聞）、「原告側ぶ然　国側安ど」（福島民報）といった見出しで報じた。とりわけ判決の結末部分について多くの疑問が投げかけられた。

朝日新聞は、「当事者が求めたこと以外は判断しないという〈不告不理〉の裁判原則に反しており（略）原発の必要性を定着させようとした意図的な判決と思わざるをえない」との行政法学者・保木本一郎の意見を紹介した。解説では、「脱原発運動の高まりは、被爆国民の感情からというよりは、チェルノブイリ事故などによる危機感から生まれた側面が強いのに、被爆体験と脱原発の動きを一方的に結びつけるなど、疑問の余地が残る」とした。

読売新聞は解説で、「裁判長が争点についての司法判断とは別に、自分の意見を判決文に盛り込むというのは極めて異例のことだ」として、詳しい紹介記事を掲載し、「原告弁護団が傲慢な判決だと憤慨するように、今後学会などでも論議を呼ぶだろう」と書いた。

それでも裁判の見通しとなると、各紙とも「判例の流れはほぼ定着、反原発運動の法廷闘争は大きな転換期を迎えた」という具合に、上告審で争われても住民側勝訴への道のりは厳しいものとなる、との観測を伝えていた。

2　原告不在の上告棄却

仙台からもどった原告団は、早速、現地事務局を中心に上告のための原告メンバーの検討に入った。裁判闘争に限界との声が聞こえてくる中、小野田団長、早川事務局長を中心に原告は17名に絞り込み、二審同様、県立高教組の教師たちが中心となった。原告弁護団も安田団長をはじめ、これまで同様の態勢で取り組むことを確認し、１９９０（平成2）年4月3日、最高裁への上告手続きを終えた。

上告の理由書は、６年近く先行して闘っている伊方原発訴訟も考慮し、より簡潔なものにした。

第一に、原子炉等規制法が原子炉施設の安全性に関する設置基準を実質的にはほとんど何も規制していない点を指摘。設置にあたって周辺住民の同意を得る手続き、公聴会の開催、安全審査に関する全資料の公開などを行う手続きを定めていないことは、憲法31条「何人も、法律の定める手続きによらなければ、その生命若しくは自由を奪はれ、又はその他の刑罰を科せられない」に違反するとした。

第二に、原子炉設置許可処分の際の安全審査対象を原子炉施設自体の基本設計、基本的設計方針についての安全性に限定していることは、規制法24条の解釈適用に誤りがあると主張し、司法審査の方法、原子炉設置処分は裁量処分でないことなど、これまで同様の点を上告理由とするものだった。

（高橋利文「伊方・福島第二原発訴訟最高裁判決」『ジュリスト』１０１７号）

こうして始まった最高裁での闘いだったが、その判決は、小野田たちが全く予想もしない形で、実にあっけなく言い渡された。

上告してから2年余り、この間、一度も弁論が開かれることもなく、いつどんな動きが出てくるのだろうと案じながらも、まだ伊方原発訴訟の判決が出されていないのだから、福島の判決は少なくともその後だろうと受け止めていた。そのうえ、東電福島第一原発2号機で１９９２年の9月、緊急炉心冷却装置が作動する事故が起こった。弁護団はこの事故を踏まえて、年末までにもう一度書面を出すことにしていた。そうなれば、結審後に起きた東電第二原発3号機の再循環ポンプ破損事故で仙台高裁判決が予定より遅れたように、最高裁判決も遅れるのではないかと思われていた。

ところがその矢先、最高裁判決は突然、言い渡された。１９９２年10月29日に判決があることは、事前に原告団や被告国に知らされていなかった。当事者の出席のないまま、最高裁第一小法廷で上告は棄却された。

小野田は、いわき市にある勤務先の平工業高校で普段通りに教壇に立っていた。3時限目の授業を終えたところで、突然やってきたマスコミ関係者から上告棄却を告げられた。同様に早川も、平商業高校での授業の空き時間に、判決結果を聞くこととなった。しかも驚いたことに、福島に先行していた伊方原発訴訟とセットでの判決言い渡しだった。朝日新聞の報道によれば、判決はいずれも最高裁第一小法廷に所属する大堀誠一、橋元四郎平、味村治、小野幹雄、三好達裁判官5名の全員一致の意見だという。

そのうち、伊方訴訟は小野裁判官が、福島第二訴訟は三好裁判官がそれぞれ裁判長を務めたとある。

「原告も被告もいない法廷に5人の裁判官が鎮座し、宙に向かって厳かに判決を読み上げる。5人のうち1人が裁判長として伊方の判決を下したあと、おもむろに裁判長が選手交替して福島の判決を読み上げられたようです。（略）どうして当事者に判決の言い渡しを予告しないのか、さぞかし高遠なる法理的事情があるに相違ありますまいが、われわれからみれば一言、『非常識だ』としかいいようがありません」と、清水修二は憤慨しながら皮肉っている（『差別としての原子力』）。

こうした事情は伊方原発訴訟の原告たちも同様だった。「原告の広野房一さんは次のように書いている。『判決と言っても、法廷を開いて言い渡すでもなく、ミカン山に入って仕事をしているところにマスコミの人たちがやってきて、裁判に負けたことを知らされたのである。（略）長い歳月をかけながら、最高裁は、一審、二審の結果を一方的に追認したに過ぎない。私たち住民にとっては、絶対に承服できない判決である』。その通りであろう。当時、このような重要な事件であっても、最高裁は上告棄却の判決については、判決日を事前に教えることすらしていなかったのである」（海渡雄一『原発訴訟』岩波新書、２０１１年）。

確かに、当時の新聞報道を読む限り、最高裁判決が無人の法廷で言い渡されたことに異を唱える報道は見当たらない。一審、二審の判決を覆さない場合、弁論は開かず、当事者に判決日時も伝えないのが当たり前だったのだ。

不十分な審理に怒りと不満

小野田も早川も、マスコミの要望で急きょ、校内で記者会見に臨んだり電話での問い合わせに応じる中、突然の「上告棄却」判決への憤りと不満を表明した。

「チェルノブイリ事故と県内の原発との関係について触れるくらいはしてほしかった。原告団は、原発の安全性が確立するまで、県、町、電力会社との交渉や署名運動などを続けていきたい」（小野田）

「全国で起きている事故の現実が裁判官の頭にはないのか。審査基準にも踏み込んでほしかった。裁判に負けても原発が安全であることが認められたわけではなく、粘り強い闘いを続けていく」（早川）

2人に共通していたのは、原告団として今後も息長く運動を継続していく決意を表明したことだ。これには事情があった。実は、最高裁判決が出る前年の1991年9月に、第一原発のある双葉町議会（岩本忠夫町長）が長引く財政赤字に困り果て、電源三法に基づく補助金を狙って県と東電への「原発増設（7号機、8号機）要望」を全会一致で決議し、陳情していた。原発県連が当初から言い続けてきたように、「原発は根本的な地域振興とはならず、一度原発を立てると、さらに原発を立て続けなければ財政的にやっていけなくなる」という「原発麻薬論」が現実化したことになる。しかもその増設計画を近隣町村が双葉町と同様の思惑から挙げて推進しようという動きが顕著になり、原発県連としてどう立ち向かうかが緊急の課題となっていた。

そこで、最高裁判決がどうなろうと、すでに始めていた「原発増設反対署名運動」をさらに大きくして、あわせて原発の安全審査基準を見直す運動を続けていくしかない、と腹を決めていたのである。これに対し、東電も準備を着々と進めた。最高裁判決の2年後の1994年、福島県に原発増設のための環境影響調査を申し入れた。と同時に、原発増設とは「全く関係がありません」と言いつつ、サッカー・トレーニングセンター（Jヴィレッジ）130億円の建設・寄付を地元に申し入れたのである。

最高裁はどんな判断を示したのか。その要旨は次の2点だった。

一、科学技術は不断に進歩発展しているから、原子炉施設の安全性に関する基準を具体的かつ詳細に法律で定めることは困難であり、最新の科学技術水準への即応性の観点から見て適当ではない。また、各専門分野の学識経験者を擁する原子力委員会の科学的、専門技術的知見に基づく意見を聴き、これを尊重するという慎重な手続きが定められている。したがって、原子力基本法及び規制法が、原子炉設置予定地の周辺住民の同意、公聴会の開催、周辺住民に対する告知、聴聞の手続き及び安全審査に関する全資料の公開に関する定めを置いていないからといって、右各法が憲法31条の法意に反するものとはいえない。

二、原子炉設置許可の段階の安全審査においては、当該原子炉施設の安全性にかかわる事項すべてを対象とするのではなく、その基本設計の安全性にかかわる事項のみを対象とするものと解するのが相当である。廃棄物の最終処分の方法、使用済み燃料の再処理及び輸送の方法、廃炉、マン・マシーン・インターフェイス（人と機械との接点）、SCC（応力腐食割れ）の防止対策の細目等にかかわる事項は、原子炉設置許可の段階における安全審査の対象にはならない。

（高橋利文「伊方・福島第二原発訴訟最高裁判決」『ジュリスト』１０１７号）

これに対し、原告弁護団は29日午後、弁護士事務所で安田弁護団長が抗議声明を読み上げた。「最高裁は、安全審査の対象を基本設計の安全性に限定した行政の立場を追認し、原発推進政策が本質的に負っている致命的欠陥を安全審査の対象から除外している。さらに、応力腐食割れや圧力容器の脆性破壊、事故時の緊急炉心冷却装置の作動など原子炉そのものの安全性と不可分な点について、審査しないか不十分な審査しか行わなかった安全審査を追認するもので、住民の願いに完全に背くものだ」として、強い怒りと不満を表明した。

また原告弁護団の一人、鵜川弁護士は、「土俵の周りで論議した形になり空しい。行政訴訟は終わったが、今後は東京電力を相手にした民事訴訟を起こすことも検討していきたい」と話した（「福島民友」１９９２年10月30日など）。

「看過しがたい過誤」という基準

この最高裁判決は、後に続く原発訴訟にとって大きな意味を持つことになった。

第一に、伊方・福島第二原発訴訟の最大の争点は、原子炉設置の安全性に関する司法審査のあり方だったと言っていいだろう。すなわち、現代科学の粋を集めたといわれていた原子力発電所の安全性に疑義を申し立てる訴訟に対し、裁判所がどの程度踏み込んだ実体審理を行い、司法判断を提示できるのか、また提示すべきなのか、という点である。この点に対し、最高裁は明確な答えを出した。つまり、裁判所は、行政庁が出した設置許可処分に対して、原子炉の安全性を一から審理する必要などはない。高度に専門的な知見に基づいて総合的に判断できるのは原子力委員会と原子炉安全専門審査会で、その専門家たちの判断に基づいてなされた行政庁の許可処分が違法かどうかは、「行政庁の判断に不合理な点があるか否か」という観点から行われるべきだとした。審査基準に適合していると判断した原子力委員会及び原子炉安全専門審査会が、「現在の科学技術水準に照らし、調査審議及び判断の過程において看過し難い過誤、欠落があり、被告行政がこれに依拠した」場合は違法だが、そうでなければ設置許可処分は正しかったということだ。

要するに、原発の専門家が高度な知見を持って審査して「合格」を出し、その意見を尊重して内閣総理大臣が許可を出したのだから、科学技術には素人である裁判所は、よほど明らかな欠陥や見落としがなければその判断を尊重して受け入れるべきだということである。福島地裁や仙台高裁判決などで採られていた内閣総理大臣の「専門技術的裁量」という言葉こそ用いなかったが、実質は全く同じものだった。

そして、原子炉設置許可処分の安全審査対象は、原子炉の基本設計の安全性にかかわる事項だけに限られる、としている。原子力発電所は、原子炉の設計段階、それに基づく工事段階、できあがった原子炉の検査段階、さらに解体・処分段階と、実に様々な段階での審査があるのだから、設置許可の段階であれば、基本設計の審査だけでよろしい、とした。トータルな安全審査ではなく、裁判所はあくまで、設置許可の妥当性だけを判断するのであって、現実に動いている原発の安全性を判断する必要はないということだ。

こうなると、最高裁の判決を拠り所にする下級審は以後、原発裁判では「見逃すことができない重大な誤りがない限り、原子力委員会と行政庁の判断を尊重すればよい」ということになる。形の上だけの原発の安全性を審査すれば十分との「お墨付き」を最高裁からいただいたのだから、今後は、住民が「現実の原発の安全性について審判してほしい」と訴えてきても、「それは裁判所の仕事ではありません」と胸をはって宣言していいのだということになってしまったのである。最高裁の呪縛から解き放たれようとした判事たちの苦悩は、磯村健太郎・山口栄二『原発と裁判官』（朝日新聞出版、２０１３年）に詳しい。

また、原子炉の設置許可は段階別・分野別だから設置許可段階の安全審査対象は基本設計のみで十分、ということになれば、一つの原子炉を現実に止めるには段階別・分野別にたくさんの訴訟を起こしていかなければならなくなる。そんなことが可能だろうか。

3・11原発事故後のことだが、元最高裁判事の園部逸夫が朝日新聞のインタビューに次のように語っている。

「最高裁には、行政庁の言うことは基本的に正しいという感覚があるのです。それを理屈立てするために『行政庁の自由裁量』という逃げ道が用意されています。一つは『専門技術的裁量』といいます。安全性について『見過ごしがたい過誤・欠落』がない限り、高度の専門知識を備えた行政庁の判断を尊重するわけです。もう一つは『政治的裁量』で、例えば『経済活動に原発は必要』といった行政の政治的判断にゆだねる。特に最高裁は、地裁・高裁よりも国策的な問題については軽々に判断しにくいのです」

（新藤宗幸『司法よ！おまえにも罪がある』講談社、２０１２年）

8年間、何をしていたのか

国側の答弁書や準備書面にあったフレーズが思い起こされる。福島地裁での答弁書では、「元来司法裁判所は、行政領域に付託されている専門技術性の高い科学的問題についての行政庁の判断を逐一審査して、その問題についての究極的判断を下すにふさわしい機関ではないはずである」とあった。スリーマイル島原発事故後の「準備書面」では、「原子力行政に関する政策的事項についての総合的判断と原子炉の安全性に関する専門技術的事項について（略）裁判官は全くの非専門家である」と決めつけていた。

この国側の主張を一審、二審は認め、今度は最高裁がほぼそのまま採り入れていることが分かる。最高裁について、「行政庁の言うことは基本的に正しいという感覚」「国策的な問題については軽々に判断しにくい」体質を持っている、と語った元最高裁判事の言葉を裏付ける悪しき判例だといえる。

一審から数えて17年以上も前に国側が主張していた内容を「丸写し」にした判決を出すのに、5人の優秀な最高裁判事にどれだけの時間が必要だったというのだろう。送られてきた判決を読んだ藤田一良・伊方原発訴訟弁護団長は、「8年間も最高裁はいったい何をしていたのか。これだけ時間をかければ当然、中身に踏み込んだ判決を出せたはず」と怒りをあらわにしたという。福島の原告団にとっても、判決を出すまでに最高裁はいったい何をしていたのか、との思いは全く同じだった。

振り返れば、原告団は地裁の9年6か月、高裁の5年7か月、そして最高裁の2年7か月、あわせて17年9か月あまり、このような判事たちに向かって原発の危険性を訴え続けていたことになり、なんともやるせない気持ちにさせられる。

こうして「東京電力福島第二原発設置許可処分取消訴訟」は、「国の安全審査に不合理な点はなかった」とした福島地裁の請求棄却判決、仙台高裁の控訴棄却判決を支持して原告住民の上告を棄却し、住民側の全面敗訴を言い渡した最高裁判決により、国側勝訴が確定して、裁判の幕はおろされた。

第8章　そして福島原発は爆発した

福島第1原発への道をふさぐ「帰還困難区域」の看板

1 「3・11」の衝撃

もうこれ以上、双葉地区に原発を増やさないでほしい、という地域住民の願いは最高裁に棄却されたが、原発の安全性が保証されたことにはならない。原告団長の小野田三蔵や事務局長の早川篤雄たち原告団は、国や福島県、町、電力会社などを相手に安全性に関する申し入れ交渉を続け、あわせて講演会や署名活動などで粘り強く原発反対運動を続けていく決意を固めた。

彼らが「原発反対」を訴える母体となっている住民運動組織が二つある。

一つは「原発問題住民運動全国連絡センター(略称・原住連)」。原子力安全委員会(都甲泰正委員長)は、チェルノブイリ原発事故から1年後、日本の原発の安全宣言を出したが、これに対抗して、全国各地の原発運転中、または建設・計画中の22地点で繰り広げられていた住民運動の経験交流・情報交換を図る目的で、1987(昭和62)年12月、東京で結成された。年1回の総会・全国集会をはじめ、月刊情報誌「げんぱつ」の発行を通じて課題を共有し、政府・関係省庁や電気事業連合会(電事連)への直接申し入れ、面談交渉を行ってきた。「げんぱつ」は2011年、市民運動の部で「日本ジャーナリスト特別賞」を受賞した。早川はその結成大会で、4名の代表委員の1人に就任して以来、筆頭代表委員・伊東達也(元平商業高校教員)とともに原住連の代表委員(幹事)として活躍している。

二つ目の住民組織は「原発の安全性を求める福島県連絡会(略称・原発県連)」。「原発県連」はこれまで何度も触れたように、福島市で開かれた全国初の公聴会を目前にした1973年9月に結成された。当初の名称は「原発・火発反対福島県連絡会」だったが、上告中に「原発の安全性を求める福島県連絡会」に名称を変更した。というのも、原発県連は「原発建設反対」を旗印に運動を進めてきたが、裁判の闘いが長引く中、国と東電による原発建設は着々と進められた。なす術がないまま、すでに第一原発が6基、第二原発が4基、あわせて10基もの原発が営業運転を始めている事実を踏まえると、「建設反対」の看板を変えざるをえず、名称を変えたが略称は「原発県連」と同じにし、当初の志に立ち続けることにした。

敗訴後も戦い続ける

原発県連の実質メンバーは、元現地事務局を中心とした少人数で、会長は大和田秀文、事務局長は早川篤雄、会計は門馬洋が担うことになった。事務局会議の場所はこれまで同様、浪江町の古いうどん店「大室屋」の2階だった。それでも意気軒昂に、繰り返される事故と事故隠し、地元への通報遅れの原因は「安全神話への寄りかかり」と「営利優先の社風」だとして、東電に出かけては抗議し、知事に対しては「第一原発の増設（7号機、8号機）反対」「小高・浪江原発の新設反対」「プルサーマル計画に同意しないこと」などと機会あるごとに申し入れ続けた。

ただ、県にしても東電にしても、その対応は原発建設当時から比べるとお座なりになっていた。具体的に言えば、例えば対県交渉では当初は木村知事との直接交渉の場もあり、知事が逆上する場面もあったが、次の松平勇雄知事時代になると、知事も副知事も交渉の場には出てこなくなり、環境部長か原子力課長、挙げ句には係長対応となった。交渉の場所も会議室ではなく、職員が働いている原子力課の部屋の折りたたみ椅子に座って、ということもあった。東電も同じで、初めは所長対応で原発構内の「東電本館会議室」に案内されたが、所長ではなく広報課長か渉外課長の対応となり、場所も構外の「サービスホール・PR館」に変わった。広報課の職員はほとんど地元採用の人で、原発県連のメンバーと顔見知りの者もいた。この人たちに訴えても、「じゃ、上の方に伝えておきます」、「次の機会にお答えします」というだけでらちがあかなかった。それでも質すべきことはきちんと質そうと取り組んでいた。

とりわけ2000年代に入り、東電の津波対策の不十分さが明らかになる中、2005年5月10日付で「チリ津波級の引き潮、高潮時に耐えられない東電福島原発の抜本的対策を求める申し入れ」を早川篤雄の名で行い、東電との交渉を1~2か月に1度のペースで行っていた。2011年に入っても2月4日に交渉を行い、次回を3月22日に予定していた矢先、あの激震が走った。

避難した仲間たちの苦しみ

最高裁判決から数えて19年後の2011年3月11日午後、岩手から茨城沖を震源域とするマグニチュード9の東日本大震災が発生した。福島第一原発、第二原発の周辺は震度6強の烈震と津波に襲われ、第二原発はかろうじて重大事故を免れたが、第一原発は全電源を喪失、炉心溶融から水素爆発を起こし、原子炉建屋が吹き飛ぶ「レベル7」の原発事故に発展した。「理論上はありえても現実には起こりえない」と国と東電が主張し続けた原発の爆発事故が、現実に起きたのだ。

爆発事故とともに、原発県連の地元事務局の面々も緊急避難を余儀なくされ、全国にバラバラに散ることになる。最後に、原告たちの3・11とその後を追う。

まず、小野田三蔵は富岡町の自宅を出て、とりあえず60キロ余り離れた福島市の長女宅に避難したが、気がかりなことがあった。それは大熊町にある双葉病院に入院していた母親と連絡が取れないことだった。後に分かったことは、12日に避難指示が出た後、歩ける患者209人と看護スタッフらは町が用意した大型バス5台で避難した。寝たきりなど移動が困難な入院患者たちは病院に留まっていたが、14日に34人がいわき市に、15日には95人が自衛隊に救出され、各地の受け入れ病院に搬送されたということだった。小野田の母は、遠く新潟県十日町市の病院に受け入れられたが、自ら名乗ることができなかったため、身元不明者として扱われていた。

小野田がようやく母に会えたのは、事故から2週間以上経った27日のことだった。すぐにも福島県内の病院に移したかったがかなわなかった。看病のため、小野田は妻と2人で娘の家を出て、新潟で避難生活を始める決意をする。体力を消耗しきった母を移動させることは命の危険を伴うと諭されたからだ。新潟は学生時代を過ごした場所だった。そこで、母の見舞いと富岡町の自宅への一時帰宅（除草、室内片づけ）を繰り返す中で、2013年2月、母を見送った。ところがその直後から、小野田自身が全身宙を浮いているような症状に襲われるようになる。自宅は原発事故直後、立入禁止の警戒区域に指定されたが、区域見直しで「帰還困難区域」となり、故郷への帰還は遠のいた。今は福島県郡山市で暮らしているが、症状は一向に解消しないまま、「帰還困難区域」の指定解除をじっと待っている。

早川篤雄は事故直後、いわき市の友人宅に緊急避難した。その後、いわき市内の6畳2間の借り上げアパートに移って、そこから月に一度、楢葉町大谷にある実家・宝鏡寺に戻る生活をしていた。事故後、楢葉町の大半が警戒区域に指定され、居住はもとより立ち入りが制限されていた。それでも、室町時代から続く寺の住職である早川としては、避難指示が解除されたら楢葉に戻って生きる覚悟を秘めていた。

いわき市のアパートで早川から訴訟にまつわる話を聞き、その帰り際、こんなことを話してくれたのを鮮明に覚えている。

「いやあ、世の中には、とんでもなく偉い人がいるんですよ」。二度、三度と同じ言葉を繰り返した。それは立命館大学名誉教授の安斎育郎のことだった。初めての公聴会に向けて開いた富岡町での勉強会以来、専門家としてすべて手弁当で福島第二原発訴訟を支えてくれたという。その安斎が事故から5日後、早川の携帯番号を調べて連絡してきた。その第一声が「申し訳ない。何とかこのような事故だけは起きないように力を尽くしてきたが、力及ばず申し訳なかった」だったという。「推進者の学者に言われるなら分かるが、まさか安斎先生から謝罪の言葉を聞くとは思わなかった」。しかもその後、計測器をかかえて、すべて自腹で福島に通い続け、保育園の園庭などの放射線量を測定しては、どうすればいいのか助言を続けている。初めてお会いした「万年助手」時代の姿勢と少しも変わらない。「世の中にはとんでもない人がいるもんですねえ」と繰り返した。

もう一つは自分自身のことだった。ふと夜中に目をさますことがある。すると、アパートの天井を見つめながら、これまでのこと、これからのことが次々に浮かんでくる。とんでもないことが起こってしまった。これからどうなるんだ。原発が爆発してしまった。考えてもどうしようもない。もう止めて眠ろう――。そう思っても止められず、眠れないまま朝を迎えたことが何度もあったという。「ほんと、まともに考えていたら気が狂ってしまいます」。

早川は2012年12月、福島地裁いわき支部にいた。原発事故で強制避難区域とされた楢葉町、富岡町、大熊町、双葉町、浪江町、南相馬市小高区などの住民216名とともに、東電に損害賠償を求める「福島原発避難者訴訟」を起こし、その原告団長として先頭に立っていた。2018年3月、一審判決は「原告らはふるさとでの暮らしが破壊され、長引く避難生活で精神的苦痛を受けた」として早川らの訴えを認めた。さらに2020年3月、仙台高裁は、東電が大津波発生の可能性と危険を認識し、市民団体が津波への抜本的対策を求めていたにもかかわらず、津波対策工事を先送りしてきたことを指摘し、「被害者の立場から率直にみれば、このような被告の対応の不十分さは、誠に痛恨の極みと言わざるを得ない」と被害者の思いに寄り添う判決を下した。

当日夕刻のテレビニュースに、裁判所前で「正義が通ったと感激し、震える思いで判決を聞いた。人間の良識を信じて訴えてきたことが報われました」と話し、涙を浮かべる早川の姿が何度も映し出された。

青田勝彦は、長年にわたって県立高教組相双支部の副支部長をつとめてきた。教員仲間と40年前の裁判闘争当時のことを振り返ると、必ずと言っていいほど青田のことが話題に上る。ともかく「副支部長」

は、大きな体を揺らしながら懸命に動き回り、原発の危険性と裁判闘争の資金カンパを訴えていたという。支部組合員の思いを背負い、最高裁判決後も東電との交渉に参加し続けていた青田も、原発事故で南相馬市の自宅を離れざるをえなくなった。自宅は第一原発から23キロ地点で、政府のいう屋内待機圏にあった。3月14日午前11時過ぎ、ズシーンと遠くで花火を打ち上げたような音を聞いた。3号機の爆発音だった。翌15日には2号機、続いて4号機の爆発を知った。「最悪だ。何のために40年も」と怒りと悔しさがこみ上げた。これ以上、ここに居るわけにはいかないと避難先を探したが、なかなか見つからず、友人の紹介で宮城県船岡のアパートにようやく避難できたのは17日のことだった。7万人余りが住んでいた南相馬市も、その頃にはガソリンも食糧も入ってこず、ほとんど無人の街になっていた。車に妻恵子と義母、娘2人が乗ると、もう荷物を載せる余裕はなかった。余震が続くなかで2か月ほど過ごした頃、滋賀県に住む妻の友人が避難してくるようにと誘ってくれた。遠く離れることに少しためらいもあったが、結局、5月下旬に大津市に家を借り、妻と娘の3人で移り住んだ。

その避難先で、青田は2012年、福井県にある関西電力の原発7基の再稼働差し止めを求める「福井原発訴訟」の原告団に加わった。裁判活動のほか、福島原発事故の証言活動にも力を注ぎはじめた。事故後の福島の様子、避難にまつわる話を聞きたいという人には、大きな集会から個人の集まりまで規模を問わずに引き受ける。その場では、福島での裁判闘争のことや事故直前まで続けていた東電への抗議活動のことなどを伝えた。一方、恵子も自作の詩「拝啓東京電力様」を相馬弁で朗読し、故郷小高町を詠った「円形の聖地」、東電の賠償を皮肉った「一万円」などの詩、布絵、短歌を通して、被災地の声を訴え続けている。

そうした集会で、「福島に戻るつもりはないのか」と尋ねられることがあった。これまで何度も2人で話し合い、自問自答を繰り返してきた問いだった。そして今、2人は琵琶湖西岸の地に留まろうと思っている。日本から原発をなくすために、ここに留まって残りの人生を福島原発事故の避難者として生きることの方が、少しでも役に立てるのではないだろうか、そう思えてきているという。

2年前だろうか。いわき市湯本で開かれた「福島県立学校退職教職員の会」の総会で、私は1時間ほど、当時の裁判闘争のことなどを話した。その場に、遠く滋賀の避難先から青田が参加していて、本当に久しぶりに会い、短い話をした。青田は「大室屋か、懐かしい名前を久しぶりに聞いたなあ。余り無理しないで頑張って、と言うところでしょうが、無理をしてでも頑張って仕上げてくださいよ」と言って帰っていった。

遺志を受け継ぐ

門馬洋は、ちょうど福島第一原発が営業運転を開始した1971年に昌子と結婚し、楢葉町の町営住宅に移り住んだ。第二原発誘致運動や木村知事による反対住民切り崩しを知り、2人は自宅で原発誘致反対の準備会を持つようになり、それが翌年の「公害から楢葉町を守る町民の会」結成につながった。以来40年にわたって原発反対運動に関わってきた。その後、浪江町権現堂に居を構えた2人にとって、東北電力の浪江原発建設阻止と東電第一原発の安全を確保する運動は生活そのものだった。

3・11の原発事故の前年も、門馬は原発県連の一員として、「第一原発の数キロ西側を通る双葉断層が活断層の可能性があり、地震の震源地になるのではないか」として、地震対策を東電に迫りながら、新潟大学の地質学専門の教授と山を歩いて調査もしていた。その一方、原発城下町の浪江だけに変わり者と見られることも多かったが、自分たちも浪江が大好きだからこそ原発建設に反対している、との思いを伝えようと、自ら区の会計係を買って出た。それでも町内の役員会の席上、ある町議が皆の前で門馬を見ながら、「原発で浪江町の未来は明るくなる。門馬先生は反対でしょうが」と言ったこともあった。

門馬夫妻は原発事故により、浪江の自宅を追われるようにして離れた。正確な情報も指示もないまま、国道114号線を川俣・福島方面に走り、浪江町で最も放射能汚染度の高い津島地区に住む友人宅に一時避難してしまった。その後、長女が近くに住む東京都北区のアパートで避難生活を始めた。約1年間、門馬は各地の集会に証言者として立ち、浪江町の現状とこれからのことを切々と訴えた。「東電の幹部の皆さんに言いたいのです。私の浪江の家を無料でお貸ししますから、どうぞ家族の皆さんで移り住んでください、山も川も空気もきれいなところですから、どうぞお孫さんを浪江で遊ばせ、浪江のものを存分に食べさせてあげてください。この発言は、下品なことは重々承知しています。でも偽らざる本心なのです」。昌子も新聞に投書するなどして、東電の姿勢を質し続けた。

しかし、昔からの友人が1人もいないアパート暮らしが続く中で、うっ積していく思いを如何ともしがたかったのだろう。門馬は次第に気力をなくしていく。他の病気も併発し、記憶障害まで引き起こすようになった。2014年1月、肺炎をこじらせて植物状態になり、それから半年後の2014年7月、70年の人生を閉じた。避難生活3年4か月。「うそを平気でつくような国と東電を絶対に許せない」と訴え続けた。昌子は洋の遺志を継いで証言活動を続けるとともに、浪江にあった自宅に少しずつ手を入

事務局会議の舞台になったうどん店の建物。被災して取り壊された＝福島県浪江町

れ、できれば個人の原発事故記憶展示館にしたいと考えている。

新妻慎一は、いわき市の平工業高校と、続いて転勤した好間高校で早川篤雄と同僚になり、「早川さんに運動に引きずり込まれてしまった」と冗談めかして話す。相馬市に戻ってからは、相双支部の執行委員を務めながら、最若手の原発県連・現地事務局員として活動を続けてきた。事務局会議を開いた浪江町のうどん店・大室屋に顔を出して相馬市の自宅に戻るため、メンバーの中で最も長い距離を移動しなければならなかった。しかし、相馬市は第一原発から北に45キロほど離れているうえに、あの原発事故の際、風がたまたま内陸部に向かって吹いていたため、相双地区のなかでは比較的放射能汚染の被害程度は低く、自宅を離れての避難生活を強いられることはなかった。

それだけに、相馬市の海岸沿いで津波被害にあった人々への支援活動をしながらも、全国に散った仲間の行く末を案じ、中でも40年余りの付き合いだった門馬洋のことが気がかりだった。その門馬が事故から2年目、昌子と浪江の自宅に一時帰宅すると聞き、片付けの手伝いをしようと仲間と駆けつけた。「門馬さん、元気でしたか」、と声をかけると、「やあ、久しぶりでした」と返事があったが、その時はもう、かつての同僚のことも覚えていないほど記憶障害が進んでいたようだった。昌子に「ところで、あの人たちは誰なんだ」と尋ねる声が聞こえてきた時、新妻は、門馬の存在や長い反原発闘争そのものが、彼の記憶とともに世間からも忘れ去られていくような思いがした。まるで何事もなかったかのように。

その後、門馬が亡くなったとの知らせを受けた新妻は、家族葬に弔辞を送るとともに、昌子を南相馬に迎え、20名ほどの友人が集う「門馬洋さんの思い出を語る会」を開いた。

「もし原発事故に何か意味があるとしたら」と新妻は言う。それはただ一つ、原発ゼロ実現の契機とすること。そうでなければ、原発事故の被災地は、土地も人も、ただ意味なく捨てられことになるのではないか。原発再稼働や原発輸出の動きがまた聞こえてくるだけに、相馬市に住む大内秀夫（元県立高教組委員長）らと一緒に、地域に根ざした反原発の運動を続けていこうとしている。まずは、全国から被災地視察を希望する人たちを迎え入れ、現地案内役を買って出ている。その際の資料として『原発被災地を歩くガイドブック』をつくり、版を重ねた。さらに、『しんぶん　フクシマからの発信』を発行し、「被災者がつくる原発に一番近い新聞」をキャッチフレーズに、被災地の現状や人々の思いを伝えている。これらの一つ一つが、「現地事務局」が作り上げてきた運動の継承であり、門馬たちの遺志を継ぐことだと考えている。

静かなる壮絶

大和田秀文の自宅は、浪江町川添にあった。第一原発からは直線距離で8キロ、海岸線からも6キロほど内陸に入ったところだった。震度6の地震はさすがに強烈だったが、本棚が倒れる程度で、津波の被害もなかった。翌3月12日の朝も、いつものように新聞配達に来た昔からの仲間・馬場績町議と、庭先で地震や津波の情報を交換した。「いざという時には、俺の家に逃げて来るように」との馬場の言葉を受けて別れた。

午前10時頃だったろうか、町内放送を通じ、浪江町役場が独自の判断で第一原発から半径の10キロ圏外の苅野小学校や大堀小学校への避難を呼びかけた。浪江町には、その時もその後も、政府からも東電からも情報提供はなかった。大和田は、自宅がこの程度だから原発も爆発までは、と思っていたが、昼過ぎ、娘が「大変。家の前の114号が大渋滞してる」と伝えてきた。浪江町も午後1時には半径20キロ圏外の津島地区への避難を呼びかけたため、25キロ地点にある馬場の家への避難を始めた。通常であれば20分足らずで着く馬場の家まで延々4時間20分もかかった。その途中で第一原発1号機の水素爆発が起こった。

大和田はそれから3日間、汚染情報を得られないまま、浪江町津島地区の馬場の家でお世話になり、結果として放射能汚染がひどかった地域で過ごしたことになる。第一原発からの放射能の大きな流れが阿武隈山系のこの津島地区に流れていることは想像できなかった。15日の昼近く、浪江町長の馬場有は役場機能を含め、全町民の二本松市への避難を決断した。それを知った大和田は、中学教員として最初の赴任地で6年過ごした会津喜多方への避難を決意した。かつての教え子たちに温かく迎えられたが、雪深い会津の生活は、浜通り育ちにとっては辛いものだった。

大和田が会津での避難生活を切り上げ、いわき市に再避難したと聞き、私は知人の紹介で大和田に会い、話を聞くことができた。2015年6月のことだ。当日は、請戸漁港所属の漁師・志賀勝明が質問役だった。志賀は、当初から原発誘致反対の立場を明確にしていたために漁協組合青年部から除名され、「おめえの舟が故障しても助けない」との宣告を受けたが、それでも原発反対を貫いた筋金入りの漁師だ。大和田は、浪江原発の地主切り崩し工作のことを話しながら、最後まで電力に土地を売らなかった地主の人数を尋ねられると、早速、コピーを拡大して何枚も貼り合わせた大きな地図を広げた。地図は、浪江原発建設予定地の高台を中心にした棚塩地区のものだった。

「これは、俺と舛倉さんだけが持っていたものだ」。雑木林の中の小さな道から、一軒一軒の家まで細かく記してあった。役場の人間が訪ねたという情報を耳にすると、すぐ出かけて「売らないよう説得したり、相談に乗ったり、励まし続けた」という。もう80歳を超していると言いながら、当時の電力や町役場、農協、漁協の人間が土地買収のためにいかに奔走したか、汚い手を使ったか、次から次に話しては笑い飛ばす。闘う姿勢は一向に衰える様子は見えなかった。今でも、県に抗議と陳情を兼ねた便りを出し続けているという。

ふと時計に目をやると、話を聞き始めてから5時間近く経っていた。いったい大和田の情熱の源はどこにあるのだろう。どうしても気になって、最後にそのことを尋ねた。しばらく考えた末、大和田はこう言った。「家の中の皆が応援してくれたことだな。それに、格好よくいえば正義感というところかな。東電や国・県・町で〈長〉と付く連中のやっているデタラメさが許せなかった。いや、違う。正確に言うと、こりゃ性分だな、性分。持って生まれたやつだ」。

それにしても、と言って、さらに話し続けた。テレビで地元の町長らの顔を見るとぶん殴ってやりたくなる。何をいまさら被害者面してんだ、ふざけるな。お前ら、この前まで何をやって来た。全員、そろいもそろって金が欲しくて原発大賛成でやってきた。誰一人、反対した者などいなかった。それが東電に裏切られただと、馬鹿も休み休み言え。でも冷静に考えれば、東電にいったん依存して絡め取られてしまえば、どこまでもそうせざるを得なくなるんだな。網の目のように張り巡らされた繋がりから、自分の町だけは抜けます、とは言い出せないように仕組まれてある。それが原発の町っていうことなんだ。だから、そのうちまた金が欲しくなって、原発再稼働なんて言い出すところが出てくるんだ――。

翌2016年1月、その大和田が突然亡くなった、という知らせを受けた。あの元気な姿から死は想像もできなかった。大和田をよく知る友人は、浪江にいれば参列者の列は途絶えることがなかったろう、と言った。「賢い人間になれるかどうかだべな。それがこれからの課題だ」。こんな言葉を残して逝った闘いの生涯だった。

3・11の後、訴訟を支えた科学者の1人が原告団の裁判資料集に寄せた一文がある。

〈忘れないでほしい。破局的な福島原発事故の被災地に、40年近くも前、激しい嵐に抗しながら、傲岸不遜な国家と電力企業を相手に、弁護士や科学者と手を携えてこの国の原発政策の是非を根底から問い、懸命に闘っていた人々がいたことを。文字通り、村八分・監視・恫喝・懐柔などの攻撃にさらされながらも、彼らは信じるところに従って生きようとした。それが正鵠を射たものだったことは今もっとも悲惨な形で立証されているが、彼らの闘いは「静かなる壮絶」とも言うべきものだった。黙々と、粘り強く、挫けず、無理強いせず、互いに励まし合い、学習し合い、心通わせながら、国家権力と大資本に敢然と対峙した。私も人々と共同できたことを大変誇りに思っている〉

（『今　原発を考える――フクシマからの発言』クロスカルチャー出版、2013年）

筆者は安斎育郎。何度読み返しても、その都度、胸に迫ってくるものがある。

2　46年後の勝訴

弁護団長だった安田純治は、「原発事故は必ず起こる」と言い続けていたが、「それは自分の目が黒いうちではなく、子や孫の時代だろう」と思っていたという。

3・11原発事故からちょうど2年後の2013年3月、福島県と隣接県に居住していた被災者800人が国と東電を相手に、「生業を返せ、地域を返せ！福島原発訴訟」（略称・生業訴訟）を福島地裁に起こした。国も東電も、国策民営として原発を推し進めてきたにもかかわらず、事故は千年に一度の自然災害であり想定外だとして、責任を取ろうとしなかった。安田は弁護団共同代表として、国と東電の事故責任を追及するとともに、原状回復と国の指針以上の損害賠償を求める闘いの先頭に立った。第二原発許可処分取消訴訟の元原告と支援者の多くが、生業訴訟の原告団に加わったことは言うまでもない。追加提訴により、約4千人という大規模な訴訟団となった。私も原告に加わった。

この提訴後、生業訴訟原告団を勇気づける判決が相次ぐ。

福井地裁が2014年5月21日、「大飯原発3・4号機運転差止請求事件」で運転差し止めを認め、「たとえ本件原発の運転停止によって多額の貿易赤字が出るにしても、これを国富の流失や喪失というべきではなく、豊かな国土そこに国民が根を下ろして生活していることが国富であり、これを取り戻すことができなくなることを国富の喪失であると当裁判所は考えている」との判決を出した。

前橋地裁は2017年3月17日、東電福島第一原発事故で福島から群馬へ避難した人々が起こした訴訟で、「津波は予見可能であり未然に防ぐことが可能だったにもかかわらず、東電と国の怠慢により事故は起こった」と認定し、初めて国の法的責任と東電の過失を認めた。

そして迎えた2017年10月10日、福島地裁は生業訴訟で国と東電の責任を認めるとともに、被害救済の範囲を広げる判決を下した。当日出された弁護団声明は、判決が認定した四つの「国の法的責任と東京電力の過失」を挙げている。

i　国は、文部科学省の地震調査研究推進本部による津波地震の発生を予測した「長期評価」の知見に基づき、2002年末までに詳細な津波浸水予測計算をすべきだったのに怠った（予見義務）。

ii 予測計算をすれば、福島第一原発の主要施設の敷地高さを超える津波が襲来し、全交流電源喪失に至る可能性を認識できた（予見可能性）。

iii 非常用電源設備などは「長期評価」が想定する津波に対する安全性を欠き、技術基準省令の技術基準に適合しない状態だった（回避義務）。

iv ２００２年末までに国が規制権限を行使し、東京電力に適切な津波防護対策をとらせていれば、本件津波による全交流電源喪失は防げた（回避可能性）。

声明はそのうえで、〈判決は、安全よりも経済的利益を優先する「安全神話」に浸ってきた原子力行政と東京電力の怠りを法的に違法としたものであり、憲法で保障された生命・健康そして生存の基盤としての財産と環境の価値を実現する司法の役割を果たすものとして、今後の司法判断の方向を指し示す〉と評価した。

しかし、当然予想されたことだが、国と東電は控訴し、原告団は「年間20ミリシーベル以下では被害はない」とする国側の主張を退けた点を評価しながらも、損害賠償額の上積みと、新たに居住地の地域環境を事故前の水準に戻すことも求めて控訴した。その後、福島から千葉への避難者が起こした訴訟で、千葉地裁が国の責任を認めない判決を出し、東電旧役員の勝俣恒久（元会長）、武黒一郎（元副社長）、武藤栄（元副社長）の3氏が業務上過失致死傷罪に問われた裁判で、東京地裁が全員を無罪としたため、生業訴訟の控訴審への影響が心配された。

そんな中、2020年9月30日、仙台高裁で生業訴訟の控訴審判決が言い渡された。

コロナ禍の影響でわずか18席に絞られた一般傍聴席に、抽選に当たった斉藤美知代〈福島県立学校退職教職員の会〉がいた。思えば、1975年1月の東電福島第二原発設置許可取消訴訟の原告に加わって45年の歳月が経過していた。斉藤が法廷の様子を再現する。

「裁判長は、冒頭こそ訴訟事項の難しい言葉を述べたが、それに続く言葉は私たちにとても分かりやすく丁寧だった。次々と国と東電の責任を断罪していく言葉が続いた。傍聴者の何人かが大きく頷くのが見え、私自身も途中からはっきりと勝利が確信できた。判決文の読み上げが終了すると、中島団長が傍聴席に向かって両の拳を突き上げてバンザイのしぐさ。弁護団席からと思われる〈完勝だ！〉の声も。期せずして法廷内は歓喜の拍手に包まれた。法廷の中だというのに」

判決は国と東電に対して、一審の倍に当たる10億1000万円の賠償を命じた。配布された判決要旨から、最も力強い下りだけ記しておきたい。

〈福島第一原発の原子炉施設が技術基準に適合して安全性を具備している状態を確保するために、国には、東電が津波対策などの防災対策を適切に講じているか否かについて厳格に判断することが期待されていた。しかし、東電から津波地震に関する「長期評価」の科学的根拠についてヒアリングした保安院は、多数の専門分野の学者が集まって議論し作成・公表した「長期評価」について、反対趣旨の論文を発表していた1人の学者のみに問い合わせてその信頼性を極めて限定的に捉えるという、不誠実ともいえる東電の報告を唯々諾々と受け入れ、規制当局に期待される役割を果たさなかった〉

黄金の釘

仙台高裁の判決は、原告たちの積年の思いを一気に晴らすものとなったのである。私は判決前、弁護団共同代表の安田に一つお願いをした。高裁判決を受けて、これまでの法廷闘争を振り返る短い手記を書いてほしいと頼んでいた。受け取った手記には、こう書かれていた。

今日、仙台高裁で生業訴訟の控訴審判決があった。全国初の、国の責任を全面的に認めた高裁判決だ。46年前に、福島第二原発設置認可の取り消しを求めて、地元住民400余名が国を相手に提起した行政訴訟の弁護団の一員として、感慨無量である。

私があの大震災の後、福島原発の爆発を知ったのは、自宅裏庭の自動車のラジオからだった。当時は震度5弱の余震が続いて、自宅と自動車の間を行き来して寝起きしていたが、私は、原発爆発の第一報を聞いた瞬間、思わず「しまった」と胸を衝かれた。

46年前の訴訟提起以来、変人、奇人扱いされ、古里に弓を引く者とまでそしられた地元の原告たち、そして裁判所からまで愚民扱いされた側に属する私としては、「それみたことか」と、先見の明を誇ってもおかしくなかったはずだが、何故か、全くそんな感情は湧かなかった。そして、爆発に至るまでの詳細が報道されるにしたがい、46年前の裁判で、私たち弁護団の主張・立証に足りないところがなかったか照らし合わせる毎日だった。

安斎育郎先生が原発事故の後、地元住民に謝罪の意を表したと聴聞して、私の後悔と似た感情だと思った。安斎先生こそは、46年前の訴訟を準備する段階から、終始、私たちの原子力と核に関する知識の不足を補い導いて下さった科学者だった。当時の原子力神話の同調圧力に抗して、断固として真理を持して譲らなかった数少ない研究者であったから、今日の仙台高裁判決を、いかなる心境で迎えられたことか。

また、46年前の４００余名の原告ら、すでに亡くなられた方も相当いると思うが、彼らの思いは如何になど、もろもろの想念が去来する。

しかし、この仙台高裁の判決で、今の政府や東電、電力業界が自分らの責任を認めて、原発全廃の方向に舵を切るとは到底考えられない。闘いは長く続くと覚悟せねばなるまい。仙台高裁の今日の判決は、これからの長い道程の中継点と言うべきであろう。

劫初（ごうしょ）よりつくりいとなむ殿堂に
　われも黄金（こがね）の釘一つ打つ　　　与謝野晶子

原告らの積み重ねたことは、この黄金の釘にまさに値する一打であると信ずる。

手記には、46年という時の経過が何度も登場する。46年、ほぼ半世紀にわたる歳月をかけて、福島の地で原発に異議をとなえ続けた原告住民は、度重なる敗訴にも屈せざる者たちだった。３・11の事態を目の当たりにして居丈高に批判するのでなく、自らの非力をかみしめた弁護士と科学者、原発被害の実態を広く伝えようと再び一歩を踏み出す被災者たちがいたことを、私は胸底に刻んでおく。そして、安田が勝訴に気を緩めず、闘いは長く続く、となおも将来を見据える姿に、不覚にも涙が出た。

おわりに

3・11の後、私たち福島県立学校退職教職員の会の元へ、全国退職教職員の会からたくさんの激励の便りや見舞金が届けられた。それからしばらく、これまでの全国の仲間から寄せられた支援に応えるには何がふさわしいか話し合う中で、『3・11原発事故記録集』を出してはどうかという提案が浮上した。早速、編集委員会（朝倉美和子、斎藤洋子、斉藤美知代、長嶺忍、引地達夫、松谷彰夫、山崎健一）がつくられ、第1回の会議が2014年3月に開かれた。会議の中で、「記録集」の第1部を原発事故以前の県立高教組の教員を中心とした福島原発反対闘争の歴史、第2部を事故直後の大混乱に陥った福島の教育現場の現状と課題と奮闘する教師たちの姿をまとめ、全国に発信することになった。第1部を私、第2部を引地さんが担当して、資料集めと執筆者を探すことになった。ところが、いざ動き出すと、様々な障害があって、なかなか思うように進まない。とりわけ、私の担当部分が遅れに遅れた。そのため、最終的には当初の2部構成を止め、歴史部分だけの1部構成で支援に応えることとなった。第2部のかなりの部分を書き終えていた引地さんには、大変申し訳ない次第になってしまった。

本書に登場する福島県立高教組は、『高校の歴史と教師のあゆみ』（1980年発行）という「二十年史」を発行していた。その中で、「原子力発電所をめぐって」という小見出しの下に、教師たちの奮闘ぶりがわずかだが報告されていた。それを読んでいた私は、この報告書に少し手を加えれば、今回の報告の責めを果たせるのではないかと気楽に考えていた。ところが、県立図書館から借り出した本や資料、それに、原発県連事務局長だった斎藤直哉さんが手元に保存していた諸資料を読み始めると、一つの資料やちょっとしたエピソードの背後に、私の同僚、友人たちが懸命に原発建設反対運動に力を尽くしていた姿が浮かび上がり、調査に区切りをつけられなくなってしまった。爆発事故が起こる40年も前から、「原発は未完成施設だ」、「ウランの採掘段階から廃炉に至るまでの全過程での安全性が確立されなければ安全と言えない」と訴え続けていた彼らのことが誇らしくなると同時に、何としても書き残して多くの人たちに知ってもらわなければ、との思いが膨らんだ。

当時の私はほんの一時期、彼らの同僚として「そばにいた」にすぎない。私は1974年4月、福島県原町市（現・南相馬市原町区）にある県立原町高校に社会科の新採用教員として赴任した。その9か月後に、東電福島第二原発設置許可処分取消訴訟が始まった。半年間は正式採用ではなかったこともあり、すでに整っていた訴訟原告団には加わることはなかった。しかし、34年間に及ぶ教師生活の出発点になった学校なので、忘れることのできない思い出がたくさんある。

原町高校で最初に受け持ったのは、43名の女子クラスだった。当時の彼女たちの出身地を確かめると、小高町7名、浪江町3名、飯舘村3名、川内村1名と、原発事故後に避難指示区域に指定された町から通っていた生徒が3分の1にものぼる。原発事故当時、病院の看護師として原町に留まった教え子の言葉が忘れられない。電話口で、「先生、今、わたし、暴走族やってんです」「街にほとんど人がいないんです。もう、赤信号だろうが、赤点滅だろうと、そんなことお構いなしにぶっ飛ばして病院と家の間を往復しているんです」。もう一人、老人ホームのケアマネジャーをしていた教え子は、「先生、どうしたらいいんです。スタッフが次々と、守らなくちゃならない家族があるので失礼しますって、辞めていくんですよ。そんなこと言ったら、わたしだって家族あるのに。でも、私らがいなくなったら、入所している人たちはどうなるのですか」。

どう答えたのか、少しも覚えていない。というより、答えられるはずがなかった。ただただ、「すごいな、あなたたちは。また元気な顔を見られる日を待ってるからな」と、おそらくそんな思いを伝えたように思う。彼女たちのためにも「原発ノー」を言い続けなければ、と思わされた瞬間だった。

原発事故直後から、福島で教育の仕事に携わってきた者として何ができるだろうと話し合い、県立学校退職教職員九条の会として、自分たちの思いをアピール文にして全国に発信することになった。事故の半年後、「フクシマからのアピール」を出した。文案を考える中で、どうしても盛り込んでおきたいことがあった。それは反省の弁だ。

〈私たちも、原発のある風景に次第に慣らされてくるにつれ、危険性を訴え、運動を継続したのは一部の人にとどまり、その輪を大きくひろげることができませんでした。国・東電・地元推進者たちがこぞって広めた「安全神話」「原発による地域の振興」を押しとどめることも、子どもたちが「原子力、明るい未来のエネルギー」などの標語をつくらされている現実があるというのに、これに対抗して「原発の危険性を見抜く力をはぐくむ教育」も十分にはなしえませんでした。結果として、たとえ積極的に支持することはなかったにしても、原発のある社会を容認してきてしまったことに深い悔いと責めを、私たちは今になって覚えさせられています。「自然豊かな故郷を子どもたちに」どころか、放射能被曝という恐怖にさらしてしまい、子どもたちの未来を守ってやることができなかったのです。福島の地で「子どもたち＝未来」と向き合う仕事に生きてきた私たちは、この点に於いて、どんなに悔やんでも悔やみきれません〉

この気持ちを忘れないと誓っている。

「あれも確かめなければ」「これはどうなのだろう」と次々に疑問や課題が浮かび、脱稿が遅れた。その結果、この本を大和田秀文先生や門馬洋さんにお届けできなかったことがとても申し訳ない。また、書き漏らした大切なことや不十分な分析、思い違いもあるのではないかと危惧しているが、その責任はすべて私にある。

本書を執筆するにあたり、多くの方々のご協力をいただき、幾人もの方々から叱咤激励の言葉をいただいた。とりわけ、貴重な助言とともに励まし続けてくれた編集委員の仲間たち、ありがとうございました。また、被災地を見ずしてこの本に係われないと、わざわざ神戸の地から福島に足を運ばれたかもがわ出版の樋口修さんに大変お世話になった。そして、安田純治先生には下書き原稿に目を通していただき、「長い道程の中継点」である福島生業訴訟の勝訴判決とともに、「松谷さんのこの労作もまた、その一里塚と言うべきであろう」という言葉をいただいた。深く感謝します。

2021年1月

松谷　彰夫

●福島原発をめぐる年表

1953年　アイゼンハワー米大統領、国連総会で「原子力の平和利用」演説を行う

1954年　アメリカ、ビキニ環礁で一連の水爆実験。マーシャル諸島住民や第五福竜丸などが被爆

中曽根康弘ら科学技術振興費（原子力開発費）3億円を衆議院本会議に提出し可決

日本学術会議、核兵器研究拒否と原子力研究の三原則「自主・民主・公開」を決議

1955年　正力松太郎が「原子力の平和利用」を公約に衆議院議員に当選

東京電力本社社長室に「原子力発電課」を新設

原子力平和利用博覧会（米大使館・米文化情報局、読売新聞社など共催）の巡回始まる

自社合意のもと、原子力三法が成立

1956年　総理府に原子力局、原子力委員会を設置

財団法人・日本原子力産業会議発足（初代会長に菅禮之助東京電力会長が就任）

佐藤善一郎（元衆院議員）が福島県知事に就任

1957年　東海村の日本原子力研究所研究用原子炉に、日本で初めて「原子の火」がともる

日本原子力発電株式会社（原電）が設立、商業目的の原子力発電事業を担う

1960年　福島県が原子力産業会議に加盟、原発立地候補地を調査し、大熊町と双葉町を適地とする

佐藤知事、東京電力に対して原発建設用地提供を表明

1961年　大熊町議会、原子力発電所の誘致を県知事に陳情

大熊、双葉両町長が原発誘致と事業促進の陳情書を福島県と東京電力に提出

1962年　東京電力が太平洋沿岸長者原地内の水質、気象、地質などの調査を福島県に依頼

1963年　日本最初の原子力発電が、東海村に建設された動力試験炉で成功
1964年　常磐・郡山地区が「新産業都市」に指定される
　　　　木村守江（元衆院議員）が福島県知事に就任
　　　　原子力委員会が「原子炉立地審査指針及びその適用に関する判断めやす」を定める
　　　　木村知事が県議会で東電の原子力開発構想を説明し、県としてより一層の協力を表明
1966年　東京電力が福島第一原発1号機の設置許可を申請し、設置許可を受ける
　　　　福島県が「双葉原子力地区の開発ビジョン」作成ための調査・研究費を予算化
1967年　浪江町臨時町議会、東北電力原子力発電所誘致を全会一致で決議
　　　　南双方部総合開発期成会（広野町、楢葉町、富岡町、川内村）、企業誘致を知事に陳情
1968年　福島民報が新春座談会「日本一の原子力基地へ」を報道
　　　　木村知事、東京電力福島第二原発と東北電力浪江・小高原発の誘致を発表
　　　　東北電力が浪江町棚塩への原発建設を内定する
　　　　富岡町毛萱地区が原発設置反対委員会を結成。浪江町棚塩地区も反対同盟を結成
　　　　国土計画協会、「双葉原子力地区の開発ビジョン　調査報告書」を福島県に提出
1969年　東京電力、福島第二原発4基を楢葉町・富岡町に建設することを発表
1970年　楢葉町議会、福島第二原発建設用地の町有地処分を議決
　　　　原子力産業会議が「原子力発電所と地域社会」を発表
　　　　富岡町毛萱地区の地権者、木村知事に「原発建設計画の中止」と現地視察を要望
　　　　木村知事が富岡町毛萱地区を訪ねて説得、地区総会で大勢が賛成派になる
1971年　東京電力福島第一原発1号機の営業運転開始

1972年　「公害から楢葉町を守る町民の会」（早川篤雄ら）を結成
「浜通り原発・火発反対連絡協議会」を8団体で結成
相双地方（翌年に双葉地方に改称）原発反対同盟（委員長・岩本忠夫）を結成
東京電力が「福島第二原発設置許可」を申請。1974年に設置許可処分

1973年　「公害から富岡町を守る町民の会（小野田三蔵ら）」を結成
東京電力、知事に「公有水面埋立免許願」を請求、知事が許可免許を付与
「原発・火発反対福島県連絡会」（代表・関根蔵重）を結成
原子力委員会主催で「原子力発電所の設置に関する公聴会」開催
第4次中東戦争でOPECが石油戦略を発動し、第1次石油ショック

1974年　福島県が原発広報誌「アトム福島」を発刊
木村知事、全国知事会議で「エネルギー危機を原発で切り抜けよ」と政府に提言
浜通り地方の住民216名、公有水面埋立免許取消求めて審査請求、福島地裁への提訴
電源三法が成立し、施行される
原発県連の住民411名、福島第二原発設置許可に「異議申立書」を提出、却下される

1975年　原発県連の住民404名が福島第二原発設置許可処分取消を求め、福島地裁に提訴
東京電力福島第二原発1号機建設着工。1982年に営業運転開始

1976年　木村守江、4期目の知事に当選後、収賄容疑で逮捕される

1978年　松平勇雄、福島県知事に就任し、原発推進路線を踏襲
福島地裁、公有水面埋立免許取消訴訟で「原告適格なし」として訴えを棄却

1979年　アメリカ・スリーマイル島原発事故

１９８２年　青年劇場、「臨界幻想」浪江公演を鑑賞者８５０人で成功させる。
１９８４年　福島地裁、「福島第二原発設置許可取消訴訟」で原告の請求を棄却
１９８６年　ソ連・チェルノブイリ原発事故
１９８９年　福島第二原発３号機の冷却水再循環ポンプの部品脱落事故
１９９０年　仙台高裁、「福島第二原発設置許可取消訴訟」で原告の控訴を棄却
１９９１年　双葉町議会（岩本忠夫町長）が「原発増設要望」を全員一致で決議
１９９２年　最高裁、「福島第二原発設置許可取消訴訟」で原告の上告を棄却、原告敗訴が確定
２００２年　国（経済産業省と原子力安全・保安院）が、東電の点検記録改ざんに関する内部告発を２年間放置していたことを公表。東電もこの事実を認め、幹部が引責辞任
２００５年　原発県連、津波対策で東京電力福島第一原発と交渉
原発県連、東電に「チリ津波級の引き潮、高波時の抜本的対策を求める」申入書を提出
２００６年　佐藤栄佐久福島県知事が辞任後、収賄容疑で逮捕される
佐藤雄平、福島県知事に就任。２０１０年にプルサーマル計画を承認
２０１１年　東日本大震災発生。東京電力福島第一原発で水素爆発事故
２０１４年　東京電力、福島第一原発の全炉廃止を決定
２０１７年　福島地裁、「福島生業訴訟」で国と東京電力の責任を認め、原告に賠償を命じる
２０１８年　福島地裁いわき支部、「福島原発避難者訴訟」で原告勝訴の判決
２０１９年　東京電力、福島第二原発の全炉廃止を決定
２０２０年　仙台高裁、「福島原発避難者訴訟」で原告勝訴の控訴審判決
仙台高裁、「福島生業訴訟」で国と東京電力に10億1千万円の賠償を命じる

著者略歴

松谷　彰夫（まつたに・あきお）

1947年、福島に生まれる。高校３年で洗礼を受け、キリスト教徒に。東北大学文学部を卒業し、同大学院文学研究科修了。福島県内各地の県立高校（倫理、世界史）に勤務。退職後は、県立学校退職教職員の会、同９条の会に加わる。福島生業訴訟原告。

裁かれなかった原発神話
——福島第二原発訴訟の記録

2021年２月25日　第１刷発行

著　者　松谷　彰夫
発行人　竹村正治
発行所　株式会社 かもがわ出版
〒602-8119 京都市上京区堀川通出水西入ル
TEL 075(432)2868　FAX 075(432)2869
ホームページ http://www.kamogawa.co.jp
印刷所　シナノ書籍印刷株式会社

ISBN978-4-7803-1142-6 C0032